中世ヨーロッパの軍隊と戦術

兵士の装備、陣形、主要会戦の経過をイラストで詳解

著 渡辺信吾（ウエイド）　**監修** 旗代大田

マール社

目次

はじめに	4
第1章 中世とは何か	5
第2章 中世の軍隊	9
後期ローマ帝国の軍隊	10
ゲルマン民族の軍隊	14
フランク王国の軍隊	16
封建制の発展	17
騎士	20
紋章・バッジ・旗	24
騎士道	26
騎士以外の騎兵	28
民兵	30
イタリア民兵	32
封建制軍隊の問題点	34
金で雇われる軍隊へ	35
スイス軍	41
フス派軍	44
ランツクネヒト	46
コンドッティエーレ	48
フランスの改革	50
薔薇戦争時のイングランド軍	52
ブルゴーニュ公国軍	53
第3章 中世の武器	55
甲冑	56
盾	62
馬	64
剣	68
棍棒・戦斧・戦鎚	71
槍	72
竿状武器	73
弓	74
クロスボウ	76
銃	79
大砲	82
火薬	84

目次

第4章 中世の戦術 ·· 85

　後期ローマの戦術 ·· 86

　　・ストラスブールの戦い ···································· 88

　ゲルマン人の戦術 ·· 89

　騎兵戦術の確立 ·· 92

　　・ヘイスティングズの戦い ································ 96

　　・ブレミュールの戦い ···································· 98

　十字軍の戦術 ·· 99

　　・アルスフの戦い ·· 100

　中世戦術の原則 ·· 102

　スコットランド独立戦争の戦術 ···························· 106

　　・フォルカークの戦い ···································· 107

　　・バノックバーンの戦い ·································· 108

　百年戦争の戦術 ·· 110

　　・クレシーの戦い ·· 112

　　・アジャンクールの戦い ·································· 114

　　・カスティヨンの戦い ···································· 116

　薔薇戦争の戦術 ·· 118

　　・タウトンの戦い ·· 119

　　・ボズワースの戦い ······································ 120

　イタリアの戦術 ·· 122

　　・レニャーノの戦い ······································ 123

　　・カスタニャーロの戦い ·································· 124

　スイスの戦術 ·· 126

　　・ラウペンの戦い ·· 127

　　・ムルテンの戦い ·· 129

　ランツクネヒトの戦術 ·· 130

　　・パヴィアの戦い ·· 132

　フス派の戦術 ·· 134

　ブルゴーニュ軍の戦術 ·· 136

　　・ナンシーの戦い ·· 137

　近世の戦術 ·· 138

終わりに ·· 142

参考文献 ·· 143

はじめに

　日本では、いやヨーロッパにおいてさえも、中世ヨーロッパの軍隊と戦術は低く評価されているように思えます。ルネサンスから始まる近代ヨーロッパは、ギリシア、ローマの偉大な古代文明に範をとって築かれたとされており、古代と近代の間にまたがる中世はヨーロッパの「停滞期」とみなされてきました。古代人は民主制を敷き、哲学書を書き、コロセウムを建てたのに、中世人はプラトンもアリストテレスも忘れて地球は平面だと信じていた、というわけです。そのため中世の軍隊に下された評価も手厳しいものでした。「古代ローマの崩壊によって合理的な戦争観が失われ、騎士は勝利よりむしろ名誉を求めて戦った」「貴族は自分たちの地位が脅かされることを恐れ、高威力の飛び道具をあの手この手で禁止しようとした」…という話が何度も繰り返されてきました。確かにこうした説明は必ずしも間違いだったとは言えません。しかし注意深く当時の資料を検証すれば、事実はもっと複雑で奥深かったことがわかります。何かと批判されることの多い封建制は、ローマ帝国崩壊後の混沌とした社会の中でなんとか兵力を生み出すために取られた手段でしたし、中世の王侯たちはクロスボウや銃といった「卑怯な」武器の採用に多額の費用を投じたことも今では明らかになっています。そして何より中世はダイナミックな時代でした。軍隊の組織、武器、戦術は中世の初期と末期では似ても似つかぬほど変化しました。いくら古代の軍隊の方が近現代の軍隊に似ていたとしても、近代の軍隊は、やはり中世の軍隊から発展して生まれたのです。本書は中世の軍人たちが限られた資源のなかでどう軍隊を作り上げたのか、そして勝利を追求したのかに焦点を当てています。本書が日本において誤解に包まれた中世ヨーロッパの軍隊の、真の姿を明らかにする第一歩となれば幸いです。

渡辺信吾

第1章
中世とは何か

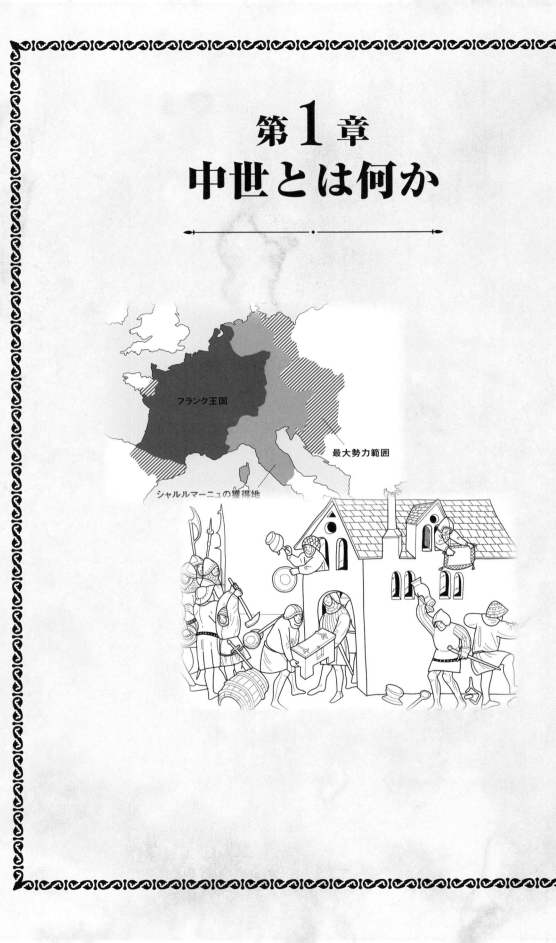

中世とは何か

「中世」、英語では"Middle Ages"と表記されるこの時代は、我々現代人にとって2つの側面を持つ時代だと言えるでしょう。

1つはロマンチックな騎士道の時代です。勇敢な騎士、美しい姫君、そびえ立つ城や宮殿……。このきらびやかな中世のイメージは後世の人間を魅了し、『指輪物語』や『ダンジョンズ&ドラゴンズ』、その他様々な「ファンタジーもの」の源流になってきました。

一方、中世は厳しい批判に晒されることもあります。曰く科学が衰退し、宗教が幅をきかせた無知蒙昧な時代。絶対的な王権が国家を支配し、人権意識など皆無。黒死病が蔓延し、異端審問や魔女裁判で無実の民が次々に処刑された暗黒の時代、というイメージです。

本書はあくまで中世の軍隊と戦術を扱うものですが、戦争と軍隊とはある意味当時の社会の最も強烈な縮図でもあります。そこでまずは中世が一体どういう時代だったのか、ここでざっと俯瞰してみましょう。

中世はいつからいつまでか

まず第一に、中世はいつ始まり、いつ終わったのでしょうか？ 現在では、中世は5世紀に始まり、15世紀まで続いたとするのが一般的な理解です。この5世紀と15世紀に、ヨーロッパでは時代の変化を決定づける衝撃的な事件が起きました。

地中海世界一帯を支配し、史上最も栄えた文明の一つであったローマ帝国は3世紀を境に弱体化し、395年に東西に分割されます。そして476年、ローマ帝国の半分であった西ローマ帝国が滅亡するのです。これ以降西ヨーロッパではゲルマン人が興した王国が西ローマの跡地に次々と建国されました。この西ローマ帝国の滅亡が、「古代の終わり」にして「中世の始まり」とみなされています。

そのおよそ1,000年後、再びヨーロッパを揺るがす大事件が起こりました。1453年、西ローマ帝国の滅亡後もずっと生き残っていたローマ帝国の東半分、東ローマ帝国（ビザンツ帝国）がイスラム教国家であるオスマン帝国に滅ぼされたのです。こうして偉大なローマ帝国の血を引く国家は全て消え去ることとなります。

しかし東ローマ帝国が滅びる一方、同時期のイタリ

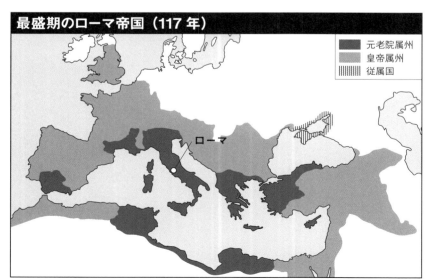

アではルネサンス運動が盛んになります。それまで西ヨーロッパでは忘れられていた古代ギリシア・ローマの文学、美術、哲学が見直され、近代的な考え方が確立されていきました。このルネサンスをもって、中世が終わり、近世・近代が始まったと考えられています。

つまりギリシャ、ローマ文明が栄えた「古代」と、我々が住む今の現代社会が形作られた「近代」との "中間" の時代ということで「中世」と呼ぶわけです。

中世の軍隊

中世が5世紀の半ばに始まり、15世紀に終わったと考えると、中世はおよそ1,000年間も続いたことになります。

もちろん1,000年間の長きにわたり、ヨーロッパの社会に全く変化がなかったわけではありません。西ローマが滅んだ5世紀半ば、中世初期の社会（そして軍隊）はかなりローマ帝国の伝統を受け継いでいましたし、逆に中世末期である15世紀半ばの社会はかなり「近代的」な要素が芽生えていたのです。

戦士集団から封建制へ

ローマ帝国の崩壊によって、彼らが作り上げた職業軍人からなる組織的な軍隊は消え去りました。その後ヨーロッパに割拠したゲルマン人の王国の軍隊は、1人の指導者の下に戦利品目当ての戦士たちが集うという、軍隊というより戦士の集団と呼ぶべき組織でした。しかし戦利品の下賜はやがて土地の貸与に置き換わり、ここにキリスト教の信仰が加わることで中世の封建制社会が形作られていきました。

10〜11世紀にかけて、ヨーロッパ諸国に定着したシステムが「封建制」です。君主が臣下に土地を与え、その見返りに貴族が戦闘員を君主に提供する、というのが封建制の原則でした。その封建制によって用意される戦闘員の代表格

が「騎士」だったのです。馬に乗り、重装備を身に付けた騎士の戦闘能力は非常に高く、彼らを中心に平民出身の歩兵を補助的に加えることで初期の封建制軍隊が構成されました。

しかしやがて、土地を媒介にした純粋な封建制軍隊は変化の兆しを見せ始めます。「君主が土地を与え、家臣は見返りに参戦する」という封建制軍隊の原則は、次第に金銭のやりとりに取って代わられました。家臣たちは戦場へ行く代わりに金銭を支払うようになり、君主はそうして集めた資金で兵士を雇うようになったのです。こうして「金で雇われた軍隊」がヨーロッパに現れ出します。こうした軍隊は封建軍のような従軍期間の制限がなく、かつ高度な技術をもった兵士を集められるので、君主にとってより信頼がおける軍隊と言えました。この種の軍隊は長い時間をかけて徐々に発展し、12〜13世紀頃にはヨーロッパ諸国で一般化していたと考えられます。

古代ローマ軍団の兵士

1世紀頃のローマ軍団兵。板金鎧に兜を身に付け、大型盾と投げ槍を持った姿。

常備軍の芽生え

　中世の軍隊は基本的に戦争の時だけ集められ、戦争が終われば解散しました。しかしその原則に当てはまらないのが、各国の君主が組織した王個人の護衛隊（王のファミリアなどとも呼ばれました）です。14世紀の半ば以降、君主たちは自らを守る精鋭部隊の組織に多くの労力を割くようになります。こうした護衛隊の兵士には給料が支払われ、常に王の身を守り、王の遠征に同行しました。やがてこうした部隊は単なる王の護衛と言うより、軍の中核と言えるほど規模が膨れ上がります。現代の軍隊のように、時期を問わず恒久的に組織される軍隊を「常備軍」と言いますが、その嚆矢となったのはこうした王の護衛部隊だったと言えます。

中世の戦術－歩兵から騎兵へ

　古代ギリシアの重装歩兵に始まり、ローマ帝国の「軍団」に至るまで、ヨーロッパの軍隊の中心は常に歩兵でした。ローマを滅ぼしたゲルマン人たちもまた基本的には徒歩で戦うことを好み、古代末期〜中世初期の陸上戦闘は主に歩兵の集団によって行われたのです。その一方で古代末期には変化の兆しが見え始め、徐々にではありますが騎兵の需要が高まっていきました。例えば後期ローマ帝国では異民族の侵入に対処するため、騎兵を軍の中心に据えようという動きが見られるようになります。またゲルマン人の一部が馬に乗って敵へと乗り込む衝撃戦術を採用しており、これがやがて中世ヨーロッパにおける騎兵戦術の雛形となっていきます。

　やがて11世紀半ば〜12世紀半ばには、いかにも中世の騎士的な槍を脇に抱え持って突撃する騎兵戦術が普及しました。高い戦意を持ち、高価な装備で身を固めた騎士は高い戦闘能力を誇り、規律や士気の低かった当時の歩兵に対し圧倒的な優位に立ちます。その後長くヨーロッパの戦場は、馬に跨る騎士が支配することとなったのです。

歩兵革命

　しかし14世紀に入ると、騎乗した騎兵を歩兵が打ち破る例が戦史に現れ出します。例えばスイスの農民兵がハプスブルク家の封建軍を破ったモルガルテンの戦い（1315年）や、イングランドの弓兵と下馬兵がフランス騎兵を撃破したクレシーの戦い（1346年、P.112参照）などです。こうした戦いを機に騎兵の重要性は低下し、代わって歩兵が戦場の主役に躍り出ることになります。この時代、ヨーロッパの経済が上向きになった結果、歩兵の装備や訓練、規律が改善され、歩兵が騎兵に対抗できるようになったのです。かくして騎士・貴族層を中心にした騎兵は衰退し、下層階級出身の歩兵たちが戦場の主役へと躍り出ます。こうした一連の現象は時に「歩兵革命」と呼ばれてきました。

神話の向こう側

　しかしこうした「騎兵優位時代」から「歩兵革命」への変遷はかなり単純化した話で、実際の歴史はもっと複雑でした。

　例えば騎兵優位と言われた時代であっても、規律ある歩兵が騎兵突撃を退けた例、あるいは騎兵が自ら馬を降りて歩兵として戦った例が頻繁に見受けられます。

　また、「歩兵革命」論の根拠となった、歩兵が騎兵を破った例も、少々強調されすぎたきらいがあります。先に挙げたような事例は、歩兵の有効性が「復活」しただけであり、一挙に騎兵が時代遅れの代物になったわけではありませんでした。むしろこうした戦訓は騎兵にとって良い刺激となり、騎兵戦術の進化を促したのです。

　実態としては、「騎兵から歩兵へ」という一方向の変化があったわけではありません。中世ヨーロッパにおける騎兵と歩兵はあくまで並立する存在だったのです。

第2章
中世の軍隊

後期ローマ帝国の軍隊

3世紀、並ぶ者なき栄華を誇ったローマ帝国は未曾有の危機に陥ります。アレクサンデル・セウェルス帝（在位222年～235年）の暗殺以後、有力な軍人たちが配下の兵士たちの支持をとりつけて、強引に帝位に就くようになったのです。彼ら「軍人皇帝」の治世は長続きせず、多くの皇帝がすぐに失脚しては殺されるというサイクルが繰り返されました。これが「軍人皇帝時代」です。この政治の混乱がインフレ、失業など数々の経済危機を引き起こしました。

また帝国領だったガリア（現在のフランス、イギリス、スペイン）や従属国のパルミラ（現在のパレスチナを中心にした地中海東沿岸部）が分離独立し、ペルシャに成立したサーサーン朝が帝国東部を脅かします。さらに国境地帯ではゲルマン民族が盛んに侵入するようになりました。加えて伝染病が流行し、ローマ帝国の人口に大きな打撃を与えました。

一連の大混乱は、現在では「3世紀の危機」と呼ばれています。この危機の時代は284年に即位したディオクレティアヌス帝（在位284～305年）によって一応の終結を見ました。彼は帝国の混乱を収拾するため大改革に着手します。帝国を4分割し、2人の正帝（アウグストゥス）と、それを補佐する2人の副帝（カエサル）が統治する「テトラルキア制度」を導入して行政の効率化と帝位争いの回避を図ったのです。また彼の改革は政治だけでなく軍隊にも及びました。その結果3世紀の危機以後のローマ軍は、初代皇帝アウグストゥス（在位 紀元前27～紀元14年）に始まる元首政（プリンキパトゥス）時

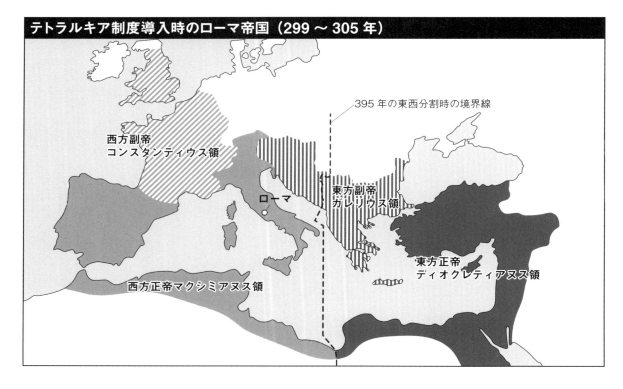

代のローマ軍とは大きく異なる組織へと変わったのです。

元首政時代のローマ軍

3世紀の危機以前、ローマ帝国の軍隊は大きく「軍団(レギオー)」と「支援軍(アウクシリア)」に分かれていました。軍団はローマ市民出身の兵士で構成された重装備の歩兵部隊で、規模は1個軍団あたり5,000名ほどです。初代皇帝アウグストゥス以降約300年間にわたり、常に30個前後の軍団が存在していました。

一方支援軍は非ローマ市民の兵士からなる補助部隊でした。支援軍には歩兵、騎兵、もしくは歩兵と騎兵の混成部隊の3種類が存在し、歩兵、騎兵の場合は「五百人隊」または「千人隊」(実際の兵員数は名前よりやや少ないものでした)に編成されました。歩兵・騎兵混成隊の場合、歩兵の「五百人隊」に対して騎兵120人、または歩兵「千人隊」に対して騎兵240人を加えた編制だったと考えられています。

支援軍は広大なローマ帝国内部に住むさまざまな民族で構成されており、地方色の強い弓兵や投石兵、軽騎兵などの多彩な部隊がふくまれていました。こうした部隊は重装備の歩兵中心だった軍団にはない投射武器の技能や機動力をローマ軍に与えました。

軍団兵も支援軍兵士もみな職業軍人であり、長い兵役期間を通じて共同生活を送り、厳しい訓練を受けました。元首政時代のローマ軍は周辺国の軍隊に比べてはるかに組織化されており、帝国の圧倒的な国力と技術力を背景に「ローマによる平和(パクス・ロマーナ)」を支える原動力となったのです。

後期ローマ軍

元首政時代を象徴する軍団と支援軍のシステムは、3世紀に入ると機能しなくなります。カラカラ帝(在位209〜217年)が発したアントニヌス勅令によって、全ての帝国住民に市民権が与えられたため、非ローマ市民からなる支援軍が組織できなくなったのです。

また、ローマのほぼ全軍は帝国の国境沿いに配置されていましたが、2世紀後半にゲルマン人の侵入が始まるとこれも問題となりました。国境の前線部隊は駐屯地域から離れることが難しく、一度ゲルマン人の集団が国土の内部に侵入するとうまく対処できないのです。

この危機に対処するためにはじまった改革が、「国境軍」と「野戦軍」の創設です。これは国境地域に防衛部隊を置き、かつ内陸部の複数の拠点に機動力のある予備部隊を置いておくという構想でした。もしどこかの軍隊が帝国に

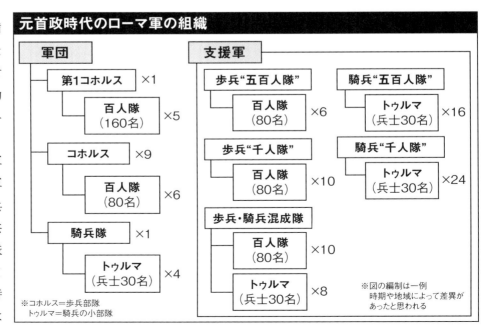

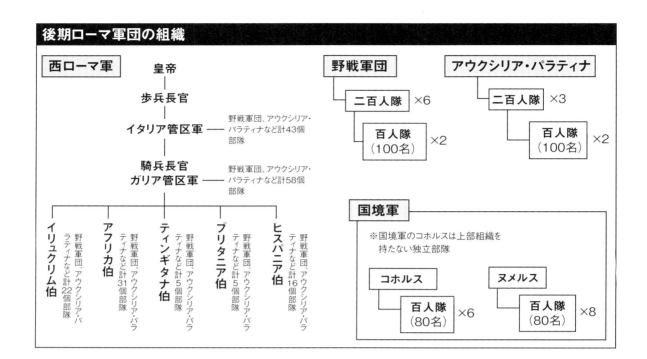

侵入した場合、国境の防衛隊が戦って足止めし、稼いだ時間で予備隊が現場に駆けつける、というのが「国境軍」「野戦軍」の設立の狙いです。また当時は帝国内での分離独立運動や暴動が相次いでおり、素早く移動できる機動的な部隊は治安維持にとっても役立つ存在でした。

この改革はガッリエヌス帝（在位253～268年）に始まり、コンスタンティヌス帝（全ローマ皇帝としての在位324～337年）に完成しました。以後、ローマ軍は国境を守る「国境軍」と、機動力のある予備隊である「野戦軍」（コミターテンセス）に分けられます。

野戦軍

野戦軍は西ローマ帝国に7個、東ローマ帝国に5個置かれていました。野戦軍は「軍団」（レギオー）が中核となりましたが、野戦軍の野戦軍団（レギオー・コミターテンセス）の規模は元首政時代の軍団よりかなり縮小していました。かつての軍団が5,000人規模だったのに対し、後期ローマ軍の軍団の総兵力は1,000～1,200人ほどだったと考えられています。軍団は6個の「二百人隊」（オルド）に分かれ、各二百人隊は2個の百人隊（ケントゥリア）に、各百人隊は10人程の兵士からなるコントゥベルニア10個に別れていました。

また野戦軍にはアウクシリア・パラティナとウェキシラティオが含まれていました。アウクシリア・パラティナは投げ槍や弓矢で武装した軽装備の精鋭部隊で500～600人規模、ウェキシラティオは同規模の騎兵隊でした（ややこしいことに、ウェキシラティオとは本来軍団から派遣された分遣隊を指す言葉でしたが、後期ローマ軍では騎兵隊を表します）。

国境軍

一方国境軍では、かつて軍団に存在し、「3世紀の危機」で廃止された「歩兵隊」（コホルス）の編制が残っていました。国境軍のコホルスは独立した部隊で、80人からなる百人隊6個、計480人で構成されていました。5世紀中頃になるとコホルスはヌメルスにとって替わられます。ヌメルスとはもともとローマ辺境部の「蛮族」からなる準正規部隊で、兵員数の規定もありませんでしたが、この頃には80人からなる百人隊8個、計640人の部隊となっていました。

ただしここで紹介した兵員数はあくまで書類上の規定であり、常に兵士不足に悩まされていた後期ローマ軍では多くの部隊が定員割れを起こしていました。

後期ローマ軍団兵

紀元前2〜紀元前1世紀にかけて、ローマ軍は古代ギリシア伝統の市民軍から、志願兵による職業軍人の軍隊に変わりました。後期ローマ軍でも志願入隊は兵士を確保するための重要な方法でしたが、それだけでは兵士の数が確保できず、帝国は様々な方法で兵士の確保を試みました。

まずローマ軍の将校や兵士の息子は身体に障害が無い限り軍に入隊することが義務付けられました。また村や領地ごとに徴兵が行われ、地主には決まった数の新兵を提供することが求められました。しかし地主にとって領地での仕事で役立つ有能な若者を手放すことには抵抗があり、あの手この手の徴兵逃れが横行します。

そのため後期のローマ軍は多くのゲルマン人、つまり「蛮族」を兵士として登用しました。裕福なローマ軍の指揮官たちが、私費でゲルマン人戦士を雇い入れて指揮下に加えたのです。この傭兵隊は「ブッケラリイ」と呼ばれ、彼らは雇用主の指揮官と個人的に結びついた私兵部隊でした。給料が支払われている限り彼らの士気は高く、装備や訓練の点でも正規のローマ軍部隊をしのぐようになります。またローマと同盟を結んだ「フォエデラティ」と呼ばれる部族や、兵役と引き換えに帝国内に定住した「ラエティ」と呼ばれる部族も存在しました。

こうしたローマ軍の「ゲルマン人化」こそ、ローマ帝国滅亡の要因と考えられてきました。現に476年にロムルス・アウグストゥルス帝（在位475〜476年）を退位させて西ローマ帝国を滅ぼしたオドアケル（433〜493年）はまさしくローマに雇われたゲルマン人の傭兵隊長だったのです。しかし現在では、ゲルマン人兵士はローマ人兵士と同程度にはローマに忠誠心を持ち、ローマ軍の指揮官となったゲルマン人もローマの貴族層に取り込まれたと考えられています。

後期ローマ軍団の兵士

右）馬に乗る後期ローマ軍騎兵。鎖鎧を身に付け、半球形兜を被っている。手には槍と楕円形盾を持つ。

左）後期ローマ軍歩兵。鎖鎧を身に付け、耳の部分が空いた半球形兜を被っている。手には槍と円形盾を持つ。

ゲルマン民族の軍隊

　ゲルマン人はバルト海沿岸部に起源を持つ民族であり、西暦が紀元前から紀元後に移り変わる頃、彼らの居住地域はローマ帝国と隣接するようになりました。ローマはゲルマン人を未開の「蛮族」とみなしましたが、その一方でゲルマン人は非常に勇猛な民族でした。西暦9年のトイトブルクの森の戦いではゲルマン人の部族がローマの3個軍団を全滅させ、ローマによるライン川東部の支配を断念させています。またローマとゲルマン人の一派との間で戦われたマルコマンニ戦争（162～180年）は、最終的にローマの勝利に終わったもののローマ軍に多大な損害をもたらしました。

民族大移動

　「ゲルマン人」と一口に言っても、実際には多数の部族に分かれていました。4世紀後半、東方のアジア系民族であるフン族が西へと進出し、ゲルマン人の一部族である東ゴート族を征服しました。そして西ゴート人がフン族に押されるかたちで375年にドナウ川を越え、ローマ帝国に侵入します。いわゆる「ゲルマン人の大移動」の始まりです。その後2世紀にわたってゲルマン人の各部族が大挙してローマ帝国に押し寄せ、帝国に未曾有の混乱をもたらしました。

戦士集団

　ゲルマン人の社会はローマとの戦争と定住で変わっていきました。かつてゲルマン人は血縁で結ばれた小さな部族ごとにまとまっていましたが、やがて部族の垣根を越えた戦士集団が形作られるようになります。一人の指導者を中心にして、戦争で一旗揚げようという若者たちが異なる部族から集まってきたのです。こうした集団の指導者には、血気盛んな戦士をまとめ上げられる腕っ節の強さとカリスマ性、戦争に勝つしたたかさを備えている必要がありました。というのも指導者が戦士たちの忠誠心を維持するためには彼らに絶え間なく褒美を与えることが必要で、こうした褒美は戦争で得られる戦利品が供給源だったからです。指導者が戦争に勝ち続け、見返りが得られる限り戦士は指導者に忠誠を尽くしました。しかし一度指導者が運に見放され、勝つ見込みが薄くなってくると、戦士たちは別の指導者の元へ去っていくのです。この、いわば「御恩と奉公」の関係性はやがて封建制における君主と騎士の関係性の源流となりました。

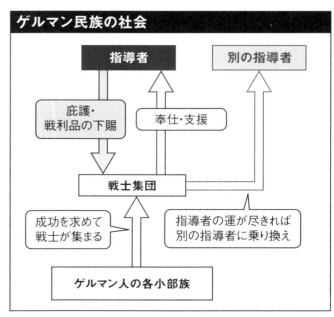

ゲルマン人の戦争文化

　ゲルマン人の文化は猛々しい戦士の文化でした。彼らは名誉を重んじ、死を恐れず戦うこと、主君に忠誠を尽くすことこそ男の最高の生き方と考えていました。彼らが残した詩や伝説、英雄の逸話には、こうしたゲルマン人の気風が伺えるエピソードが無数に存在します。例えば初代フランク王クローヴィス1世（在位481〜511年）は、戦利品の分配の席で自分を侮辱した相手を自ら斧を振るって殺害したと言われています。彼らは名誉を傷付けられたと感じれば必ずその相手に報復し、名誉を回復しなければならなかったのです。また戦士は君主を守って戦い、万が一主君が討死した際に、主君

を残して生き延びることは恥とされました。例えばウェセックスの王キュネウルフ（在位757〜786年）が暗殺された際、その従者は反逆者からの買収を拒否して王に殉じています。

　しかし大抵の場合、ゲルマン人にとっての「戦争」とはローマとカルタゴが戦ったような、国家の存亡をかけた大規模な戦いではありませんでした。彼らが戦った戦争は、ローマの辺境や近隣の部族を襲撃して家畜や戦利品を略奪すること、もしくは有力貴族同士の内輪揉めがほとんどだったのです。

ゲルマン軍の限界

　ゲルマン人の軍隊はあくまで「戦士の集団」であり、訓練を受けたプロフェッショナルではありませんでした。確かに彼らは勇猛果敢で、戦場では熱狂的な攻撃精神を発揮しましたが、高度で複雑な作戦を実行することはできなかったのです。戦闘において、ゲルマン人は一塊になって攻撃するか、踏みとどまって防御するか以外の戦術を取ることはほとんどありませんでした。また彼らの社会構造からは食糧や物資を継続的に確保するための兵站組織や官僚組織が生まれなかったので、ゲルマン人の軍隊は長期戦を行う能力にも欠けていました。これは砦や城壁で囲まれた街などを攻める際に兵糧攻めができなかったことを意味します。そのためゲルマン人の軍隊が防御の固い拠点を攻め落とすことは非常に困難でした。

　さらにゲルマン人戦士は基本的に裕福な貴族であり、飢えに耐えながら戦い続ける忍耐力もありませんでした。彼らの目的は第一に戦利品であり、戦果がないまま戦争が続くと気力が萎えてしまうのです。6世紀にローマで書かれた軍事教本『ストラテギコン』には、ゲルマン人と戦う場合は初期段階での戦闘を避け、食糧不足や厳しい気候などでゲルマン人の士気が下がるよう仕向けることが重要と書かれています。

ゲルマン人の戦士

5世紀頃のゲルマン人戦士。鎧は身に付けず頭には頬当付き兜を被る。手にもつ槍は投げ槍の一種のアンゴン。

フランク王国の軍隊

　フランク王国は、481年におけるクローヴィス1世（在位481～511年）のフランク王即位に始まる王国です。途中メロヴィング朝からカロリング朝への交代を挟みつつ、カール大帝（シャルルマーニュ）（在位768～814年）の治世には現在のフランス、ドイツ、イタリアにまたがる広大な版図を誇りました。王国は9世紀半ば～後半にかけて西フランク王国、東フランク王国、中部フランク王国の3つに分裂し、それぞれ仏独伊3カ国の起源となるのです。

フランク王国軍

　ヨーロッパ史に多大な影響を残したフランク王国ですが、実のところ当時の資料の乏しさからフランク王国の軍隊についてはよくわかっていないのが現状です。とはいえカロリング朝の軍隊にはおぼろげながら輪郭を与えることができています。

　おそらく当時の軍隊には大まかに分けて君主や有力者が持つ個人的な護衛部隊、自由民出身の徴集兵、雇い入れられた国外の異民族といった兵士がいたと考えられます。

スカラ

　君主や有力者の護衛は「スカラ」と呼ばれ、雇い主と個人的に結びついた私兵かつ即応の精鋭部隊でした。おそらく騎兵が中心であり、君主や有力者は絶え間ない贈り物で彼らの忠誠を維持し、武装や馬代を捻出させたと思われます。またこうした護衛にはスラブ人などの「外国人」が多く含まれていました。

徴兵

　王国が侵略を受けた際に、フランク王国内の自由民には参戦の義務が課されていました。ただし自由民の全員が高度な戦闘技術を習得しているわけではないので、徴兵されるのは人口の一部だけだったはずです。

外国人

　8世紀末～9世紀頃から、フランク王国はマジャール人やヴァイキングなどの襲撃を度々受けることになります。こうした「外国人」を買収し、国内に定住することを許す代わりに国境の防衛に従事させることが度々ありました。特に知られているのが北フランスに定住した北方人の指導者で、ノルマンディー公国の基礎を築いたロロ（846?～933年）でしょう。

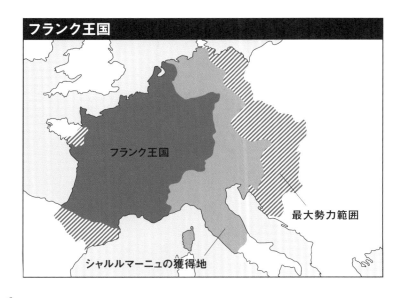

フランク王国／最大勢力範囲／シャルルマーニュの獲得地

封建制の発展

　中世ヨーロッパの多くの国々は、「封建制(フューダリズム)」と呼ばれる社会制度をとっていました。そして当時の軍隊もまた封建制と密接につながっていました———というより、封建制はそもそも軍隊を生み出すための制度だったとさえ言えます。では封建制とは具体的にどのような制度だったのでしょうか？ ここでは「封建制」の仕組みと歴史について解説しましょう。

封建制の原則

　原則として、封建制をとる国では国の領土は全て君主のものでした。そして君主は領土の一部を有力家臣に与え、土地の権利や利益の保証を貸与します。君主から土地を受け取った家臣はその見返りとして、有事には君主に戦闘員を提供する義務を持ちました。そこで有力者はさらに下位の家臣に土地（大抵の場合は農地）を分け与え、2次契約を結びました。
　ここで気を付けねばならないのが、土地は君主から「貸与」されただけで、家臣の私有地ではなかったという点です。
　さて土地を貸与された家臣は、土地から得られる収入で生活しつつ、平時には訓練を積み、武具や馬を買って武装しました。そしていざ国が戦争状態になれば、君主は家臣たちを招集し、家臣は土地の見返りとして戦場で戦う義務を果たすのです。この君主から家臣へと与えられる土地が「封土」であり、封土を与えられ、実質的な土地の支配者となった家臣が「領主」、領主が持つ領地を「荘園」と呼びます。そして封土を基礎通過とした庇護と奉仕のシステムが「封建制」というわけです。

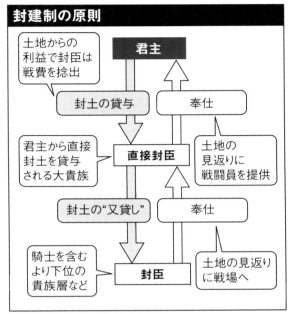

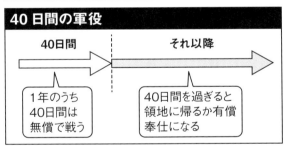

40日間の軍役

　「土地を与えられた家臣がその見返りに武器をとって戦う」。これが封建制の原則でした。ここで強調しておきたいのが、家臣が戦うのは君主に対して果たす「義務」であり、従軍中に君主から給料が出る訳ではありません。武器にかかる費用、馬の飼育費、従軍中の生活費、その他諸々の費用は原則的に家臣が自費で賄わねばなりませんでした。家臣は君主から土地という「収入源」を与えられているので、戦費はそ

こから捻出せねばならないのです。

　その一方で、君主が家臣に従軍を求められるのは、一般的には1年の内おおよそ40日間だけでした。なぜこの日数なのかは農業に関連していると思われます。君主や上位の有力者から与えられた土地は基本的に農地なので、家臣たちは平時に自らの領地の農作業を監督せねばなりません。そして農業のサイクルの関係上、土地から離れられるのがせいぜい40日間前後だったのです。同じように戦時に平民を動員して兵士にする「民兵」制度（P.30参照）でも、動員期間は40日間でした。

　とはいえ中世ヨーロッパでは1年のうち40日間しか戦争ができなかったというわけではありません。40日間はあくまで義務としての無償奉仕の期限であり、それを過ぎた後は給料を出して動員を続けることが可能でした。また金銭で雇われた職業軍人である傭兵たちは、40日間の期限に関係なく給料が出ている限り動員することができました（P.36参照）。

従士制度と恩貸地制度

　古典的な解釈では、封建制は「従士制度」と「恩貸地制度」に端を発したと考えられています。

　西ローマ帝国の跡地に多くの王国を打ち立てたゲルマン民族などの民族集団には、「ゲフォルクシャフト」と呼ばれる伝統がありました。これは年長の戦士が若い戦士に様々な庇護を与え、その見返りとして若い戦士は年長者に忠誠を誓い、戦争の際には武器をとって奉仕するという制度です。この年長者と年少の戦士の主従関係が、封建制における庇護と奉仕の制度の原型になっていきました。

　また、ローマ末期には大土地所有者が奉仕の見返りとして土地を貸し与える「恩貸地制度」という制度が生まれます。この「従士制度」、と「恩貸地制度」という二つの要素が混じり合い、8世紀頃のフランク王国において封建制が形作られた、というのが封建制の発生に関する古典的な理解です。

土地から得られる収入

　君主から封土を与えられた家臣は土地から利益を得て、その金で武装して戦闘員になる訳ですが、具体的にどのような利益が土地から生まれたのでしょうか。基本的に家臣に与えられる土地は農地でした。荘園の中には領主直営の農地があり、荘園に住む農民も自分の畑でとれた作物を現物で領主に収める義務がありました。こうした作物は市場で売られて現金に変わります。そして農民に課された結婚税や死亡税、荘園にある教会や製粉所から取られる税など各種諸々の税金も領主の収入となったのです。

騎士の誕生―キリスト教化

　西ヨーロッパにおいて、封建制は10～11世

いくつもの例外

　封建制は非常に複雑かつ例外の多い制度で、「封建制」という単一のシステムが中世ヨーロッパ全土で採用されていたわけではありません。

　まず"封建制をとる国では国の領土は全て君主のもの"という原則ですが、これはあくまで原則で、地域によっては土地の私有制度が長く残りました。例えばフランスはイングランドに比較して土地の私有制度が長く残りましたし、イタリアではついに封建制が支配的な制度になることはありませんでした。

　また、「従士制度」と「恩貸地制度」に封建制の起源を求める理解も近年疑問が呈されています。実際には地域ごとに非常に多種多様な君主＝家臣間の関係があり、封建制の成立過程や形態は均一ではなかったのです。

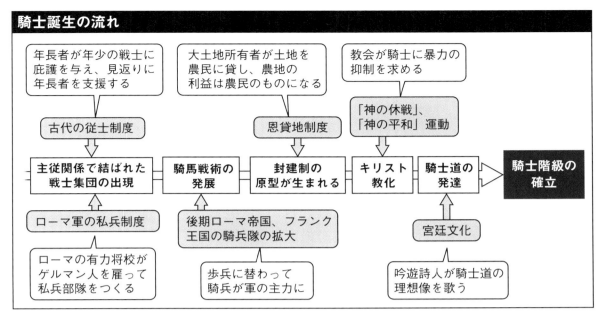

紀にかけて定着していきました。そしてこの封建制の中で、土地の見返りに戦う戦闘員の代表格が「騎士」だったのです。

しかし騎士は単なる裕福な兵士ではありません。彼らは貴族の最下層に列せられ、独自の文化を持つ社会階層でした。そして騎士が中世ヨーロッパ社会の中で特異な地位を占めた大きな理由が、キリスト教会との関係だったのです。

現在騎士の源流は、カロリング朝フランク王国の騎兵隊に求められています。9世紀末にカロリング朝が崩壊し、無秩序が広がった時期、騎士は「ミレース(ラテン語で兵士、軍人の意味)」と呼ばれていました。しかしこの時の騎士は高貴な身分ではなく、あくまで少々裕福な、そして恐ろしく野蛮な戦士に過ぎませんでした。彼らは自分たちの利益を守り、騎士同士のもめごとを解決するためにまず真っ先に暴力に頼りました。騎士同士の「私戦(フェーデ)」が横行し、多くの民衆が争いの巻き添えを食います。

この状況に待ったをかけたのがキリスト教会でした。10世紀終わり頃、フランスを出発点に「神の平和」という宗教運動が巻き起こります。聖職者と民衆が、教会や農民、商人への攻撃を禁止するよう騎士に求め、破った者には破門などの制裁を課すと宣言したのです。また11世紀には「神の休戦」という運動も起こり、日曜日や聖人の記念日といった特定の日や教会付近での暴力行為を禁止しました。

もちろんこの運動によってたちどころに騎士が平和的になったわけではありません。しかしこうした制約を守ることで、騎士たちには自分たちが教会と結びついた階級だという自覚が生まれました。この考えはさらに進んで、騎士はキリスト教を守るために戦う聖なる戦士であるという理想像に発展していきました。

騎士、貴族になる

騎士がキリスト教の守護者であるという考えが広まっていくと、騎士はただの戦士から、人々に尊敬される名誉ある地位とみなされるようになりました。こうして騎士は貴族の最下位に位置づけられ、それどころか王族や大貴族でさえ騎士の位に憧れるようになったのです。

この騎士階級とキリスト教を結び付ける情熱の高まりは第一回十字軍で頂点に達します。1095年、教皇ウルバヌス2世が十字軍遠征を呼びかけると、ヨーロッパ中から聖地奪還の理想と領地獲得の野心に燃える兵士が集まったのです。

騎士

封建制によって生み出され、中世ヨーロッパの軍隊の中核となった兵士が騎士でした。では騎士とはどのような人々だったのでしょう。騎士は「身分」であり、君主から土地を与えられ、そこから得られる利益で武装を整える戦士階級でした。その点でヨーロッパの騎士は日本の武士などの世界各地の封建制戦士と似ています。一方で騎士はキリスト教に帰依し、教会と深く結び付いていたことが他の封建制戦士と騎士を分ける大きな特徴でした。

ちなみに「騎兵」は馬に乗って戦う兵士全般を指し、馬に乗っている限り騎士も騎兵に含まれます。一方騎士は身分であり、馬に乗って戦うかどうかは騎士か否かには関係ありません。

武装した騎士

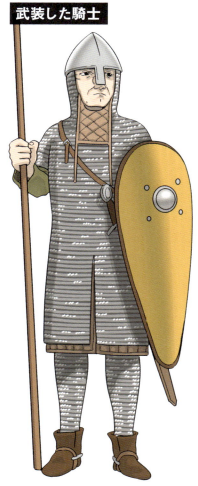

11世紀終わり頃の騎士。ホーバークを着て円錐形兜を被り、凧型盾を持つ。

13世紀終わり頃の騎士。ホーバークの上からサーコートを着てグレートヘルムを被り、手にヒーター型盾を持つ。

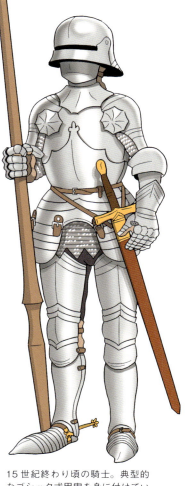

15世紀終わり頃の騎士。典型的なゴシック式甲冑を身に付けている。盾はこの当時廃れている。

騎士になる

　原則的に、騎士の位は世襲される身分でしたが、商人などの富裕層の子供が聖職者の推薦を受けて騎士になることもありました。また騎士の家系に生まれても自動的に騎士になれる訳ではありません。彼らは幼少期から厳しい訓練を受け、「騎士叙任式」という厳粛な儀式を執り行って初めて騎士になれるのです。

　騎士の家に生まれた男子は、多くの場合7～10歳頃に訓練を始めます。まず騎士志望の少年たちは親元から離れ、親戚や父親が仕える領主の家に預けられました。また有力者の息子の場合は王の宮廷に仕える場合もあります。ここで少年たちは小姓(ページ)になり、礼儀作法や読み書きといった上流階級の教養を身に付けました。14歳頃になると少年は小姓から従騎士(エスクワイア)になり、騎士の元に配属されました。そして従騎士は騎士の元で様々な戦闘訓練を受け、戦士としての技術を身に付けるのです。これは一種の徒弟制度であり、従騎士は配属先で武器の手入れや馬の世話を行い、様々な場面で時に下男のように騎士に仕えました。

　訓練では従騎士は剣術や格闘の技術を磨きます。乗馬の訓練も重要で、木馬や本物の馬に乗って経験を積み、馬に乗りながら武器を使う練習も積みました。意外かもしれませんが、弓矢やクロスボウの練習も必須科目でした。騎士が戦場で飛び道具を使うことは稀でしたが、貴族が好んだ狩りには欠かせない武器だったのです。また狩りは一種の軍事演習であり、従騎士が「殺し」の経験を積む良い機会でもあります。

　有力者の下に多くの騎士志望の少年たちが集まり、寝食を共にして訓練に励むことで、騎士の間には強い連帯感が生まれました。後述するように騎士は戦場で数十人ごとに密集した隊形で戦いましたが、これも騎士見習い時代に共同訓練を受けたからこそ可能になったのです。

　騎士の元で見所ありと見込まれれば、18～21歳頃に晴れて騎士に任じられました。原則的に騎士は誰でも従騎士を騎士に任じることができ、時に国王自らが従騎士を騎士に任ずることもありました。騎士の叙任にあたっては教会で厳粛な叙任式が行われ、その後叙任を祝って豪華な祝宴や馬上槍試合が催されました。一方大きな戦いの前に、士気を高めるため騎士の叙任が行われることもありました。戦場での叙任

騎士になる訓練

杭を打つ剣の稽古。

弓、クロスボウの練習。

対戦形式の剣の稽古。

木馬を使った馬の稽古。

本物の馬を使った馬の稽古。

式は平時の儀式よりずっと簡素で費用もかかりません。また戦闘後に勝利を記念して叙任式が行われた例もありました。

長男以外は別の道へ

騎士になるためには多額の費用がかかりました。騎士叙任式やその後の祝宴、武器や甲冑の代金、馬の飼育費、戦場に連れていく従者にかかる費用、数え上げればきりがありません。そのため騎士の家に生まれたとしても、よほど裕福な家でなければ相続権のある長男以外は騎士になれませんでした。騎士になれなかった次男以下の男子は聖職者になるか、農民になるか、はたまた富と成功を夢見て家を出る他なかったのです。

様々な騎士

「騎士」と一口に言っても、実は様々な種類に分かれていました。騎士の中でも地位の上下があり、身分に応じて義務や果たすべき任務に違いがあったのです。ここでは中世に存在した騎士の種類について大まかに解説しましょう。

騎士（通常）

まず、通常の騎士がいました。彼らは自分の領地を持ち、そこの土地から上がる利益で生計を立てています。いざ君主から参陣の要請が届くと、自分の従者たちを連れて戦場へ行きました。

家付騎士

通常の騎士より一段低い騎士と言えるのが家付（ハウスホールド）騎士です。これまで騎士は自分の土地を持つと繰り返しましたが、家付騎士は土地を持たず、自分よりもずっと裕福な騎士か貴族の家に住み込みで仕えました。そのため「家付」騎士と呼ばれるわけです。当然土地からの収入はないので主人から給料を受け取っていました。そして主人の元に君主から参陣の要請がくると、主人と共に戦場へと赴くのです。

従騎士

従騎士はP.21で述べたように、騎士に叙任される一段階前の位です。いわば騎士の見習いとも言える存在ですが、彼らは戦場では重要な戦力となりました。というのも13世紀以降のインフレの結果、騎士になるための費用が高騰すると、多くの従騎士が資金不足で騎士になれないという事態が頻発したからです。その結果多くの従騎士が騎士になれないまま一生を過ごし、時に戦場における従騎士の数が騎士の数倍に及ぶことさえありました。

バナレット騎士

騎士の中でも特に地位が高かったのがバナレット騎士です。バナレットの名の由来は、彼らが馬上槍（ランス）の先に取り付けた旗（バナー）に由来します。もともと中世の戦場では、騎兵は大小様々な部隊に分かれて戦いました。その際、部隊の指揮

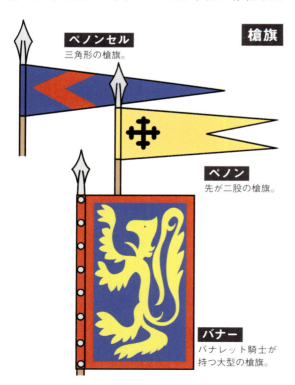

槍旗

ペノンセル
三角形の槍旗。

ペノン
先が二股の槍旗。

バナー
バナレット騎士が持つ大型の槍旗。

官の位置がわかりやすいように、馬上槍(ランス)の先に小さな旗を取り付けることがありました。数十人規模(国や時期により規模は様々)の小部隊を率いる騎士はペノンセルという三角形の旗を掲げ、さらにその部隊が幾つか集まると、今度は先が二股に分かれたペノンを掲げる騎士が指揮をとります(中世の用語は混乱していて、ペノンセルもペノンも両方三角形の旗だったとする資料もあります)。このペノンを掲げる騎士がさらに戦場で功績を挙げると、ペノンの先を切り取って四角形のバナーにしたのです(ただし多くのバナーは明らかにペノンより大きいので、ペノンの先を切り取る行為はあくまで儀礼的な儀式だったのでしょう)。

こうしたバナーを持つことを許された騎士がバナレット騎士です。バナレット騎士はそれなりの有力者であり、彼ら自身も多数の家来を従えていました。

貴族兼騎士

騎士は貴族の最下層に属しましたが、騎士の勇敢さ、美徳、華やかな騎士道物語は貴族をも魅了します。やがて王族を含む有力貴族でさえ騎士叙任式を経て騎士の称号を得るようになりました。中世末期には騎士人気はますます高まり、神聖ローマ皇帝マクシミリアン1世(在位1508～1519年)は「最後の騎士」を自認していました。またフランス王フランソワ1世(在位1515～1547年)に至っては国一番の騎士として知られた騎士バヤールことピエール・テライユから騎士に叙任されたほどです。

ファミリア

中世の領主のなかでも有力な者は「ファミリア」と呼ばれる直属の部隊を持っていました。ファミリアの中心となるのは、前述した家付騎士(ハウスホールド)たちです。彼らは領主の城や屋敷に住み込みで仕えるか、少なくとも領主の荘園の中で生活し、領主から常に給料を受け取っていました。「ファミリア(家族)」の名が示す通り、ファミリアの構成員たちは領主の家で寝食を共にし、単なる身分の上下を超えた固い絆で結ばれました。彼らは領主が求めればすぐに出動できる即応部隊であり、戦場では戦闘部隊として戦うだけでなく、領主の護衛、伝令などさまざまな任務に就きました。

王個人も自分のファミリアを持っていました。国王が持つファミリアは特に「王のファミリア(ファミリア・レジス)」と呼ばれます。組織としてはほとんど下位のファミリアと違いはなく、当初は王の個人的な護衛部隊にすぎませんでした。しかしイングランドでは王のファミリアが拡大し、やがて王国軍の中核をなすようになります(P.36参照)。またこうしたファミリアが、やがて現れる常備軍の雛形となりました。

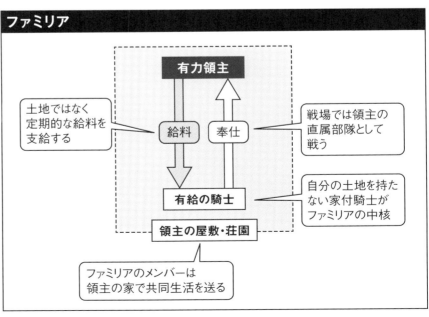

紋章・バッジ・旗

中世の兵士は現在の兵士と違い、戦場できらびやかな衣装を身に纏ってその存在を誇示しようとしました。騎士を含む貴族層は、左手に持つ盾や甲冑を覆うコートに自らの家の紋章を堂々と描いていました。また彼らに仕える従者たちには、しばしば揃いの徽章を入れた定服が支給されました。これは部隊や敵味方の区別を容易にする役割があり、現在の軍服の源流とも言えます。

紋章

ヨーロッパの貴族は代々受け継がれる紋章を持ち、貴族たちはこの紋章を後述するサーコートや盾に描きました。ヨーロッパの紋章は非常に多様かつ複雑な規則を持ち、とてもここでは説明しきれません。ただ原則的にはある程度パターン化された色の塗り分けがあり、そこに図形や動物、植物などの絵柄を加える形が一般的でした。有力者が自らの家の紋章を用いたのは当然ですが、その家臣も主人の家の紋章を（やや変形させるなどして）着用することがありました。

サーコート、ジュポン、タバード

「サーコート」は鎧の上に着る丈長のコートで、12世紀前半に現れ13世紀に広く普及しました。このコートには鎧を汚れや直射日光から守るといった実用的な役目の他に、ファッションとしての役目もあり、大抵の場合派手な色に染め上げられ、前後には紋章が入れられました。サーコートの丈は長すぎて不便だったのか、時代と共に短くなり、14世紀半ばには腰が窄まって体にフィットするデザインになりました。こうしたサーコートは「ジュポン」と呼ばれ、やはりカラフルな色と紋章で飾られました。15世紀前半、板金鎧の発展と同じ頃にジュポンも廃れ、替わって「タバード」が登場します。タバードは丈が短くかなりゆったりした作りで、袖が

鎧の上に着る衣服

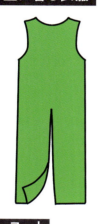

サーコート
13世紀頃のサーコート。

サーコート
14世紀頃の前側の丈が短くなったサーコート。

ジュポン
14世紀半ば頃の腰窄（こしすぼ）みのジュポン。

タバード
15世紀頃のゆったりしたタバード。

エイレット
13世紀後半〜14世紀前半に、紋章を描いた板（エイレット）を肩に付けることが流行った。

ついていたのが特徴です。これは中世の残りの期間を通じて使用が続き、16世紀半ばに廃れました。

バッジ

徽章は紋章と違い、個人ではななく所属を示すための図案です。中世では有力者が自前の私兵部隊を用意し、それが君主の下に集って軍隊が形成されました。こうした私兵部隊を持つ大貴族が、自らの部隊の兵士に着用させた図案がバッジです。本来バッジは、君主や数百人規模の部隊を率いる大貴族だけが保有しましたが、15世紀になるとほんの十数人の従者しか連れて来ない小貴族さえバッジを持つようになります。また有力貴族の中には複数のバッジを持つ者もいました。

一方で貴族の私兵部隊ごとではなく、国ごとに共通のバッジを制定しようとする動きもありました。有名なのがエドワード1世（在位1272～1307年）が制定した「聖ジョージの十字（白地に赤の十字）」です。彼の治世以降、聖ジョージの十字はイングランド軍の共通マークとして盛んに用いられ、現在のイングランド国旗とイギリス国旗に受け継がれています。

スタンダード

騎士やバナレット騎士が各自持つ槍にペノンやバナーといった旗を取り付けたことはすでに述べました（P.22参照）。こうした個人標識の旗とは別に、部隊標識となる大型の旗も存在しました。それが軍旗です。スタンダードとは中世の旗のうち最も位の高い旗で、掲げる資格を持つのは王族と一部の大貴族だけでした。普通は端が二股に分かれた細長い形で、保有者の紋章を描き、時に家のモットーが書き込まれていました。スタンダードは専任の旗手が掲げ、この旗手もサージェント（P.28参照）や騎士など相応の身分を持つ人間が務めました。スタンダードは軍を象徴する神聖な旗とみなされ、敵にスタンダードを奪われることはこの上ない屈辱と考えられていました。

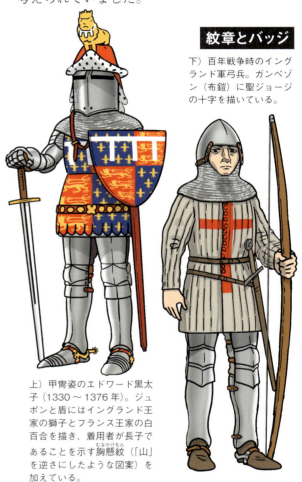

紋章とバッジ

下）百年戦争時のイングランド軍弓兵。ガンベゾン（布鎧）に聖ジョージの十字を描いている。

上）甲冑姿のエドワード黒太子（1330～1376年）。ジュポンと盾にはイングランド王家の獅子とフランス王家の白百合を描き、着用者が長子であることを示す胸懸紋（「山」を逆さにしたような図案）を加えている。

スタンダード

百年戦争開戦時のイングランド王エドワード3世のスタンダード。

騎士道

騎士道とは、中世ヨーロッパの騎士たちの間で共有された行動規範です。騎士の源流となる騎馬戦士たちは10世紀に現れ、10世紀の終わりから11世紀の初めに深くキリスト教会と結びついていきました。さらに12世紀になると、騎士たちは吟遊詩人が生んだ騎士道文学に強く影響を受けます。そのため騎士道は多くの顔を持つ概念となりましたが、大きく分けて戦士としての側面、キリスト教徒としての側面、宮廷文化人としての側面を持っていたと言えます。

戦士の顔、信徒の顔

騎士は戦士であり、強く勇敢であることが第一条件です。戦場では死を恐れず戦い、数多の敵を倒すことはもちろん、傷付いた仲間を見捨てず敵の手から救い出す戦友愛も騎士道の大きな美徳の一つでした。

また騎士はキリスト教に帰依した「神の戦士」であり、敬虔な信徒であることも求められます。忠義に厚く、礼節を忘れず、謙虚で、子供や女性を守ることは騎士道の基本でしたが、これはキリスト教の倫理観の影響を強く受けていました。また教会や聖職者を保護することも求められます。そして騎士がキリストのために戦う聖なる戦士であるという考えは、11世紀終わりに始まる十字軍遠征にもつながりました。

宮廷恋愛

12世紀以降、ヨーロッパの宮廷に出入りした吟遊詩人たち（彼らもまた騎士の身分でした）は、ロマンチックな騎士道物語を作りあげます。この物語群は宮廷に仕える人々を魅了し、騎士道には宮廷恋愛の要素が加わりました。華やかな宮廷生活において、貴婦人の愛を獲得することもまた騎士の大きな目標となったのです。

もちろん腕っ節が強いだけの男では貴族の令嬢の心を射止めることなどできません。穏やかな態度でウィットに富んだトークができることや、ダンスや楽器の演奏、詩作なども騎士に必須の教養とみなされました。

卑怯な武器？

中世に関するステレオタイプなイメージに、騎士は弓矢やクロスボウなどの「飛び道具」を騎士道に反する卑怯な武器として軽蔑し、かつ自分たちの地位を脅かすとして恐れていたという話があります。しかし騎士道とは騎士社会における行動規範であり、平民出身の兵士が使う武器を規制するものではありませんでした。当の騎士や貴族たちも平時の狩りではこの二つの武器を頻繁に使用し、上流階級用の高級クロスボウさえ作られたほどです。また、イングランドではロングボウが国を代表する武器として盛んに賞賛されてきました。確かにヨーロッパの貴族層の間で、弓術に対する偏見がなかったとは言い切れません。しかし貴族たちは軍の指揮官でもあり、戦争に勝つために弓矢・クロスボウの活用を重要視していたことは明らかです。

人質と身代金

ヨーロッパの貴族には、戦闘中に敵の貴族を捉えて捕虜にし、その親族に身代金を要求するという文化がありました。こうして貴族同士の

流血を避け、無償で戦場へゆく封建制の兵士に貴重な収入源を提供したのです。そのため戦場では高貴な人間を殺さず、生捕りにすることが作法とされました。例えばポワティエの戦い（1356年）では、フランス王ジャン2世がイングランドの捕虜となり、一時解放されたものの結局ロンドンで客死する事態になっています。

しかしこの習慣は時に兵士たちが捕虜の獲得に夢中になって、軍の統制が失われることになりかねません。また捕虜の監視には多くの人手が要り、劣勢の軍隊にはその余裕がない場合もあります。そのため捕虜の獲得が禁止されることもしばしばあり、クレシーの戦い（1346年、P.112参照）ではフランス王の弟を含む多くのフランス貴族が戦死しました。また戦闘中の兵士は非常に興奮するので、相手が貴族だろうと構わず殺してしまうこともよくありました。

騎士団

騎士団は大きく分けて「宗教騎士団」と「世俗騎士団」の2種類が存在します。このうち「宗教騎士団」の方が先に生まれ、「世俗騎士団」が後を追って誕生しました。

宗教騎士団は「騎士修道会」とも呼ばれ、「軍隊化した修道会」と表現できます。史上初の騎士団である聖ヨハネ騎士団（ホスピタル騎士団）は1070～80年頃に設立され、当初の目的は聖地エルサレムに訪れる巡礼者の救護でした。やがて12世紀半ばに聖地を防衛する軍隊としての性格が加わります。1119年にはテンプル騎士団が創設されますが、これは当初からエルサレム防衛のための軍事組織でした。修道会の戒律に従い、聖地と巡礼者を守って異教徒と戦う宗教騎士団はキリスト教世界で大きな名声を獲得します。厳しい戒律を守る修道会でもある宗教騎士団は規律性が高く、装備も統一されており、十字軍の戦いではしばしば精鋭部隊として重要な役目を果たしました。

またイベリア半島で結成されたカラトラバ騎士団や、バルト海沿岸部で戦うドイツ騎士団など、中東以外を主戦場とした騎士団もあります。

一方の世俗騎士団は宗教騎士団の名声に触発されて設立された組織です。世俗騎士団が戦場で戦うことが全く無かった訳ではありませんが、彼らはどちらかと言えば儀礼的な存在でした。所属団員は王族を含む大貴族たちで、記念日に豪華絢爛な儀式を催し、所属メンバーの騎士としての自負と名声を高めることが目的でした。いわば上流階級の会員制クラブのような組織だったのです。ごく初期の世俗騎士団であるガーター騎士団はイングランド王エドワード3世によって設立され、やはり祝日に集まって儀式を行う一方、貧しい騎士のための互助組織としての機能も果たしました。

テンプル騎士団の騎士

騎士団を象徴する揃いのサーコートを着たテンプル騎士団の騎士。上端を黒く塗った共通デザインの盾を装備している。

第2章　中世の軍隊

騎士以外の騎兵

騎士はまさしく騎兵の花形でしたが、中世ヨーロッパの騎兵が全て騎士、または騎士志望の従騎士だった訳ではありません。実際には、中世の軍隊には騎士以外の騎兵たちが大量に含まれていました。彼らは身分こそ騎士より劣っていたものの高度な戦闘技術を習得しており、当時の軍隊にとって必要不可欠な戦力でした。

サージェント

サージェントは騎士未満の騎兵と呼べる存在で、騎士よりやや狭い領地を持っていました。装備の点では騎士とほぼ同じかやや劣る程度で、乗っていたのも騎士の軍馬に比べると少々小柄な馬でした。もともとサージェントに馬を持つような経済力はなく、彼らはあくまで装備のよい歩兵にすぎませんでした。しかしやがて裕福になり、騎士と同じく騎兵歩兵両方の役割をこなせる万能戦士へと成長します。また彼らは小部隊の指揮官になったり、貴族の軍旗を持つなどの重要な役割を果たしました。13世紀以降に経済的事情から騎士の数が相対的に減ってくると、従騎士と同じくその比率は騎士の数倍に達しました。

ホベラー騎兵

ホベラー騎兵、または単に「ホベラー」は軽装備で素早く移動することに主眼をおいた騎兵でした。通常は槍か弓で武装しており、甲冑は身に付けていないのが基本です。乗る馬も騎士の乗る馬よりは小柄で軽い馬が選ばれ、騎士のように一丸となって敵に突撃するような戦術はとりませんでした。彼らはより厳密に言うと騎兵というよりは「馬に乗った歩兵」で、移動する時だけ馬に乗り、戦闘の際は馬から降りて戦いました。彼らの最大の武器はその軽快さで、偵察や小規模な襲撃戦において威力を発揮しました。

ターコポール

ターコポールは直訳すると「トルコの息子」という意味で、十字軍遠征の際に十字軍兵士と現地女性の間に生まれた男子か、棄教した元ムスリムだったと考えられています。軽装でイスラム流の騎射や投げ槍を駆使し、偵察や襲撃などスピード重視の任務に適しています。ただしムスリム側からすると裏切り者なので、捕虜になった場合高確率で処刑されてしまいました。

ターコポール
中東様式の短弓を持ったターコポール騎兵。ターコポールの武装は資料に乏しく大部分が推測に拠った。

騎乗弓兵
14世紀のイングランド軍の騎乗弓兵。頭に被った2色の頭巾はイングランド軍弓兵を示す定服の一種。

騎乗クロスボウ兵
15世紀の騎乗クロスボウ兵。騎乗クロスボウ兵はかなり裕福な兵士なので、時に図のような甲冑を身に付けることもできた。

騎乗弓兵・騎乗クロスボウ兵

　騎乗弓兵、騎乗クロスボウ兵はその名の通り馬に乗った弓兵とクロスボウ兵です。注意しなければならないのが、ヨーロッパでは流鏑馬のように、走る馬の上から矢を射る伝統は発展しなかったことです。彼らはあくまで馬に乗って移動するだけで、原則的に武器を使う際は馬から降りました。英語では馬に乗って矢を射る弓兵をホース・アーチャー、単に馬に乗って移動するだけの弓兵はマウンテッド・アーチャー、（クロスボウ兵の場合はマウンテッド・クロスボウマン）と呼びます。中世の軍隊において、騎乗弓兵・騎乗クロスボウ兵は機動力のある投射兵器の使い手として重宝される存在でした。

　彼らの利点は何よりも移動速度の速さです。戦場では絶好の射撃ポイントを素早くおさえることが可能でしたし、馬がもたらす機動性は野戦以外でも大いに役立ちました。例えば増援が必要な城や地域に急行したり、偵察や農村部への襲撃など軽快さが求められる任務に最適だったのです。十字軍遠征では軽快なムスリム側の騎馬弓兵（ホース・アーチャー）の攻撃から本隊を守る役目を果たします。また長距離を移動する有力者の護衛など実に多彩な任務をこなせました。

　騎士と同じく騎乗弓兵・騎乗クロスボウ兵も馬は自分で用意せねばならないため、それなりに裕福な者でなければこうした兵士にはなれませんでした。反面給料は高額で、民兵や傭兵の花形と言える存在でした。

　初期の銃であるハンドゴンが登場すると、やはり馬に乗って移動する騎乗ハンドゴン兵が現れます。弓矢やクロスボウが衰退する一方、馬で移動する銃兵はやがて「竜騎兵」と呼ばれるようになり、近代軍隊の重要な兵種となりました。

メン・アット・アームズ

　ここで本書にも度々登場する「メン・アット・アームズ」（直訳すると「武装した兵士」）という言葉について説明しましょう。メン・アット・アームズとは鎧を着た重武装の兵士を指す言葉で、騎士、従騎士、サージェント、その他のある程度整った防具と武器を身に付けた兵士全体が含まれています。気を付けねばならないのが、騎士はメン・アット・アームズの一員でしたが、メン・アット・アームズ全員が騎士というわけではなかったことです。また馬に乗るか乗らないかはメン・アット・アームズか否かには関係がなく、馬に乗っていれば騎乗メン・アット・アームズ、馬から降りれば下馬メン・アット・アームズと呼ばれます。

民兵

騎士だけが中世の軍隊を構成する兵士だったわけではありません。封建制国家において、君主は緊急時に国中の男子を兵士として徴集する権利を持っており、中世の軍隊にはこの権利に基づいて集められた兵士たち、すなわち「民兵」が大量に含まれていました。民兵たちは騎士や職業軍人に比べると装備、規律の点で劣っており、戦闘部隊としては少々頼りない兵士たちでした。しかし数の多さという利点から中世の軍隊には不可欠な存在だったのです。

民兵とは

民兵は封建制よりも古い起源を持つ制度ですが、やがて封建制に組み込まれていきました。封建制度の下、君主は国に住む健常な自由民を兵士として招集する権利を持っていました。この招集に従うことは国民にとって果たすべき「義務」であり、従軍中、君主は彼ら民兵に給料を支払う必要はありません。また戦場に持って行く武器や防具は基本的に自弁でした。従軍期間は騎士と同じく40日間で、これはやはり農作業の関係上これ以上農地を空けられないからです。ただしこれまた騎士の場合と同じく、給料を追加で支払うことで40日を超えて動員を続けることも可能でした。

民兵の徴集

イングランドを例にとると、1066年にノルマン人が封建制をもたらす前から、この地には民兵制度がありました。このアングロ・サクソン時代の民兵制度は「フュルド」と呼ばれ、ノルマン人が新たに王朝を立てた後も継続して使用が続きました。

この制度では、兵役の義務があるのは16～60歳の男子かつ自由民で、もし兵役を拒否した場合罰金が課されます。ノルマン人の征服以前、民兵の徴集は地方の部族ごとに行われましたが、封建制の到来後は地方領主が各地の民兵を取りまとめました。

一般的に言って、中世において国中の男子が根こそぎ動員される「国家総動員」のような状況はめったに起こりませんでした。戦時におい

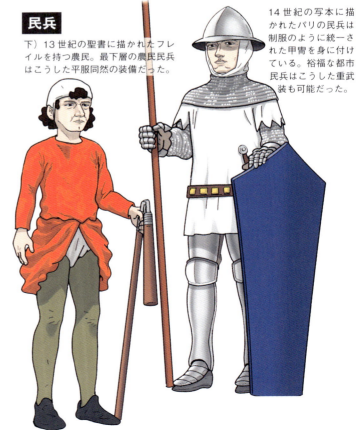

民兵

下）13世紀の聖書に描かれたフレイルを持つ農民。最下層の農民民兵はこうした平服同然の装備だった。

14世紀の写本に描かれたパリの民兵は制服のように統一された甲冑を身に付けている。裕福な都市民兵はこうした重武装も可能だった。

ても、基本的に戦場に近い地域の住人だけが集められたのが実態です。また大規模な外敵の侵入などの非常事態に発動される「大フュルド」という制度があり、土地の広さに応じた数の男子が徴集され、残りは故郷に残って徴集兵のための資金を捻出しました。

民兵の組織

中世の軍隊の原則として、武器や防具は兵士が自腹で購入しました。裕福な者はクロスボウなどの高価な装備を持てましたが、貧しい者となると防具は貧弱で、武器は農具の転用品ということもあります。また定期的で組織立った訓練はあまり受けていませんでした。

民兵の組織は国や時代ごとに違いがありますが、ここでは13世紀頃のイングランドの例を紹介しましょう。イングランドでは民兵はコンスタブルという役人の下、町や地域ごとに集められました。基本的に民兵隊は100人ごとに編成され、さらに20人の小部隊5個に分かれていました。この小部隊の指揮官はヴィンテナーと呼ばれます。さらにこの100人の部隊が集まって1000人の大部隊を構成することもあり、ミレナーによって指揮されました。

都市民兵

フランスなど豊かな都市部を持つ国では、農民ではなく都市の住民からなる都市民兵が組織されました。都市の住民は基本的に裕福であり、都市民兵は農民出身の民兵よりもずっと高価な武器で武装することが可能です。また当時の都市の多くが城壁で囲まれており、都市自体が自衛のための部隊を持っていました。都市には君主から与えられた特権と引き換えに、戦時には兵士を提出する義務が課せられていたのです。

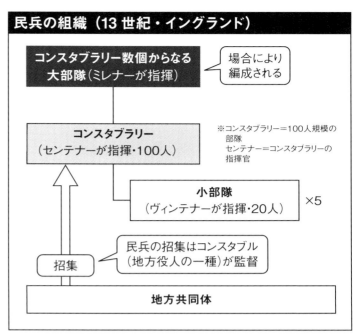

民兵の欠点と利点

民兵は平時の間はただの農民や商人、職人として生活しており、普段から訓練を受けていたわけではありません。定期的な訓練を受けるよう布告がたびたび出されましたが、さほど効果はなかったようです。農村民兵は貧しさゆえ高価な武器や防具は持っておらず、騎士にとっても民兵は身代金を取れない「殺していい相手」でした。そのため民兵が騎士の部隊に直面するとなす術なく敗走するという事態がしばしば起こりました。ただし騎士であっても少数で民兵隊の只中に突入すれば馬から引き摺り下ろされ、袋叩きにあってしまいます。また降伏しても騎士に殺されるという恐怖心が、民兵を奮い立たせることもあったようです。

もちろん民兵が役立つ場面も多く存在しました。中世の戦争の大部分は城の包囲戦で占められており、その際に民兵の数の多さは大きな利点でした。また農村部への襲撃では、貧しい民兵を戦利品への欲求に駆り立てることができます。そして戦場での陣地構築や様々な雑務にも、民兵の人手は欠かせなかったのです。

イタリア民兵

中世における西ヨーロッパ諸国の軍隊は、多少の程度の差はあれ似たり寄ったりの組織でした。土地の貸与と、その見返りに軍事的な奉仕を行う封建制の原則が当時の軍隊の基礎を作っていたのです。しかし例外的に中世の北イタリアでは独自の軍事システムが発展していました。11世紀以降の北イタリアでは無数の都市国家が割拠するようになり、そうした国々の軍隊は都市住民出身の民兵を中心にして

イタリア民兵

右）13世紀のイタリアの槍兵。盾は槍衾を作る時、跪いた姿勢で構えやすいよう独特な形をしている。

左）13世紀末のイタリアのクロスボウ兵。ケトルハット型兜にメイルアーマーを身に付けている。

いました。彼らは農村出身の民兵とは違い、旺盛な士気、厳しい規律、潤沢な装備を持つ精鋭部隊で、戦場ではしばしば封建騎士の軍隊を打ち破ってきたのです。

都市国家の誕生

9～10世紀頃、マジャール人やムスリムの海賊たちがカロリング朝フランク王国を荒らし回りました。そうした中、北イタリアでは襲撃から身を守るため城壁で囲まれた都市が築かれるようになります。こうした都市は次第に自治権を確立し、やがて北イタリアはミラノ、フィレンツェ、ヴェネチアといった無数の都市国家が割拠する地域となりました。

当時のイタリアは非常に裕福な地域で、都市は大きな経済力と人口を抱えていました。こうした都市が周囲に広がる広大な農村地帯を支配下に置き、一つの都市国家が形作られたのです。

イタリアの都市民兵

原則として民兵は職業軍人ではなく、普段は本業に従事しています。イタリアでは、都市民兵の中心になったのは都市に住む商人や職人たちでした。イタリア都市住民の故郷に対する郷土愛は非常に強く、街の防衛は市民の義務であり名誉だという考えが広まっていました。この愛国心が生む士気と団結心にイタリア都市の経済力が合わさり、イタリアの都市民兵部隊をヨーロッパ有数の精鋭へと成長させたのです。

中世の軍隊の原則として、兵士が持つ武装は自弁が基本でした。貧しい農村出身の民兵は粗末な装備しか買えない一方で、比較的裕福な都

市民兵はクロスボウなどの高級武器を購入できました。イタリアの都市国家はクロスボウの導入に力を入れ、特にジェノヴァ人はヨーロッパ最高のクロスボウ兵として知られていました。また豊かな商人出身の民兵は馬を買うこともでき、「民兵騎兵隊」さえ結成されたのです。さらに都市部に住む騎士階級もおり、彼らもまた都市民兵に組み入れられました。

その他の組織

北イタリアの諸国家の軍隊が、全て都市民兵だけで構成されていた訳ではありません。イタリアにも封建制はあり、貴族に対して忠誠を誓う騎士階級が存在していました。総合的に見ると、北イタリア諸国の軍隊は都市住民出身の規律正しい民兵歩兵、都市に住む貴族騎兵、裕福な中産階級から成る民兵騎兵、地方の封建制騎士、そして農村出身の軽装で規律も低い（他国とそう変わらない）農村民兵などから構成されていたのです。

イタリア民兵隊の組織

北イタリアの軍隊の組織は国ごとに違いがあり、ここで説明するのはあくまで一般論です。まず多くの国では緊急時には「ポデスタ」という指導者が置かれました。彼らは国家内の派閥抗争に巻き込まれないよう、外部から招かれた外国人であり、通常は騎士階級でした。そしてその下には都市の各部門の代表者が置かれ、ポデスタを補佐しました。

都市民兵隊は住んでいた都市の区画ごとに大きな部隊に分けられました。13世紀のフィレンツェを例にすると、民兵隊は6つの「セスト（6分の1）」に分けられました。そして国が戦争状態に入るとさらに少人数の部隊に分けられました。人数は様々ですが25人程度が一般的だったようです。またクロスボウ兵は他の民兵とは別に独自の部隊に編成されたようです。民

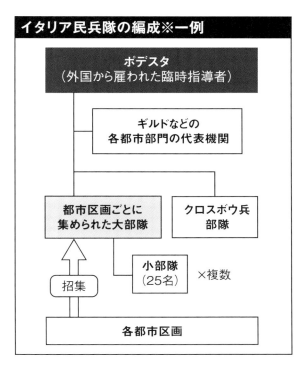

兵の招集期間は10日から2週間で、招集中は給料が支払われます。また街の民兵全員を招集すると経済が停止してしまうので、一度に招集されるのは一部の民兵に限られました。

傭兵家業

高度な戦闘技術を身に付けたイタリアの民兵は、故郷が平和な時は傭兵として他国に出稼ぎにいくこともありました。前述のジェノヴァ人クロスボウ兵は特にフランスで多く雇用されており、クレシーの戦い（P.112参照）ではフランス軍の先鋒を務めています。

イタリア民兵隊の凋落

北イタリア民兵隊は14世紀に衰退してしまいます。戦争が長期化すると本業のある民兵は出費に耐えられなくなり、かつ都市国家内部の派閥抗争が民兵から規律と団結力を奪っていきました。こうした状況の中、都市国家の指導者たちは民兵に代わってコンドッティエーレとして知られるプロの傭兵を雇うようになりました（P.48参照）。

封建制軍隊の問題点

封建制というシステムは、中世の君主に強大な力を与えました。国王が一声かければ、たちまち国中から忠義の騎士と大量の民兵が集まり、君主は意のままに大軍を動かすことができたのです。…確かに理論上はそのはずでした。しかし実際のところ、封建制に基づいた軍隊はかなり問題が多い組織であり、各国の君主はこの軍隊の「使い勝手の悪さ」に頭を悩ませてきたのです。

40日を越えた動員が困難

　伝統的に、騎士や民兵を君主が無償で戦争に動員できるのは1年の内40日間だけでした。そして40日を越えて従軍する義務は兵士たちにはなく、この期間を過ぎれば彼らは家に帰ってしまうのです。もし君主が40日を超えて戦争を続けるつもりなら、40日を過ぎた後で兵士に賃金を払わねばなりませんでした。

地主化する騎士

　武勇を重んじ、忠義に厚い騎士も、純粋な戦闘員としては少々厄介な存在でした。君主から土地を授かった騎士たちは、次第に土地の管理と経営に腐心する地主と化していきました。彼らにとって戦争のために領地から離れることは大きな不安の種であり、それに比べれば戦場での栄光や手柄もさほど魅力的には思えなくなってきたのです。こうして一部の騎士たちは、君主から参戦の命令がきてもそれを拒否して領地にとどまるようになりました。

騎士不足

　基本的に騎士の位は父から子へと受け継がれましたが、都合のいい時期に騎士の家に跡取り息子ができるとは限りません。なのでいざ戦争という時に当主が老齢か病身だったり、逆に若すぎて経験不足ということもあり得ました。

　そして主に経済的理由によって騎士の数は相対的に少なくなる傾向にありました。まず騎士叙任式に伴う祝宴の費用、装備代や馬代など、騎士になるには多額の金が必要でした。さらに騎士は戦場に数人の従者を連れて来るため、彼らの装備代や人件費もかかります。13世紀以降はインフレが進み、騎士になるための費用を捻出できない騎士の家が続出しました。

　また騎士の地位が上昇すると、騎士は地方の

封建制の問題点

40日間しか動員できない

君主が兵士に無償奉仕を求められるのは封建制の伝統で年40日間だけ

騎士の参戦拒否

封土をもらった騎士は領地の経営に忙しくなり、参戦を拒否するようになる

騎士不足

騎士叙任には多額の金がかかり、費用を捻出できない騎士志望者が続出する

民兵が頼りない

一般住民を徴集した民兵は装備・訓練不足で、国外への出征を拒否する

行政や裁判に関わるようになり、こうした公務も騎士にとって大きな負担でした。このような経済的、政治的な理由から、騎士の生まれでも騎士になれない、またはあえて騎士にならない者が多くいたのです。

13世紀初め頃、イングランドでは騎兵隊の内半数以上が騎士で占められましたが、14世紀に入る頃にはサージェント（騎士未満の領地持ち騎兵）の数が騎士の数倍に及ぶという事態になりました。封建制では君主から領地を授かった領主には、決まった数の騎士を提供する義務がありましたが、この「騎士不足」によってその数は次第に引き下げられました。

頼りにならない民兵

民兵もまた、問題の多い兵士でした。民兵たちの装備、訓練、士気はいずれも騎士に劣り、戦闘部隊として頼りにならない存在だったことはすでに述べました。さらに時代が下って行くと、彼らは自分たちが住んでいる地域の防衛戦以外には参加しないという条件を勝ち取るようになります。フランスでは14世紀の初め頃にこの慣習が定着し、イングランドでも自国の防衛戦以外に民兵を使うことが禁じられました。つまり、もしイングランド王がヨーロッパ大陸に攻め込もうと考えた場合、侵攻軍に民兵を動員することはできないのです。

金で雇われる軍隊へ

前述のような封建制軍隊が抱える問題点を克服しようと、ヨーロッパの君主たちは様々な改革を試みてきました。その結果純粋な封建制軍隊は徐々に様変わりし始め、12～13世紀頃に新たな形の軍隊が現れます。それは従来のやたらに制限の多い「土地の見返りに戦う軍隊」ではなく、よりビジネスライクで君主にとって信頼のおける「金銭で雇われた軍隊」でした。

盾代

封建制軍隊の改良に大きな役割を果たしたのが「盾代（スカタージュ）」です。これは戦争に行かない代わりに払う税金、もしくは罰金の一種でした。君主から封土を受けているものの戦場には出られない者、例えば病人や女性、子供、教会関係者は、これを支払うことで戦争への参加を免除してもらえたのです。

12世紀に入ると盾代の習慣はますます広がり、戦争へ行く時間や経済的余裕のない騎士は進んで盾代を払うようになりました。イングランドではヘンリー2世（在位1154～1189年）が早くも1166年に、得られる盾代を計算するため、国内の封土を持つ臣下のリストを作らせています。

13世紀初頭、イングランドでは国内5,000人の騎士の内、8割が盾代を払うことを選びまし

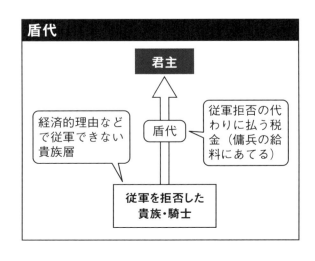

盾代

経済的理由などで従軍できない貴族層 → 盾代 → 君主 ← 従軍拒否の代わりに払う税金（傭兵の給料にあてる）

従軍を拒否した貴族・騎士

たが、これは君主にとっても好ましい傾向でした。というのも、君主はこの盾代として集めた資金を使い、プロフェッショナルの兵士である傭兵を雇うことができたからです。

拡大する王のファミリア

君主は王のファミリア（ファミリア・レジス）という有給の直属部隊を保有していました（P.23参照）。当初こそファミリア・レジスは王を護衛する小規模部隊でしたが、イングランドではこれが大きく拡大してやがて王国軍の中核に成長します。

イングランドにおいて転期が訪れたのはエドワード1世（在位1272～1307年）の時代で、彼はファミリア・レジスを騎士を含む数百人の騎兵隊に増強します。その息子のエドワード2世（在位1307～1327年）はあまり軍事に明るい王ではありませんでしたが、その時でもファミリア・レジスにはバナレット騎士32人、家付騎士89人が所属していました。各騎士にはそれぞれ数人の武装した従者がいることを考えると、その総兵力はこの数倍はあったと思われます。そしてこうした有給騎士に加えて、国外から集めた大量の傭兵たちが王の軍に雇い入れられました。

傭兵

騎士は土地を授かった見返りとして、民兵は住人の義務として君主のために戦います。一方で雇い主と契約を交わし、金銭を受け取って戦う兵士が傭兵でした。

傭兵の起源は非常に古く、1066年にイングランドを征服してこの地に封建制をもたらしたウィリアム1世の軍隊にさえ、すでに北フランス出身の騎士が傭兵として加わっていました。「騎士の傭兵」とは奇妙な印象を受けるかもしれませんが、騎士はしばしば戦争のない（すなわち戦利品や身代金などの収入のない）時期に傭兵となって出稼ぎに出たのです。

傭兵の利点は、給料が支払われている限り無期限に戦場にかり出せることにあります。原則上40日間しか動員できず、常に領地に帰りたがる騎士や民兵に比べて傭兵は非常に便利な兵士でした。また傭兵は戦争を仕事にするプロの職業軍人なので、民兵に比べて装備も充実し、高度な戦闘技術を身に付けていました。

傭兵たちは傭兵隊長が中心となり傭兵隊（カンパニー）を結成しました。傭兵隊は傭兵隊長が所有する一種の「企業」で、彼らは隊ごとに国家と契約を結び、給料を受け取って戦い、契約期間が切れるとまた他の雇用主を探すのです。

著名な傭兵隊

中世を通じて傭兵はヨーロッパ中に存在していましたが、特に強力な傭兵たちを輩出した地

傭兵たち

14世紀の写本に描かれた兵士。ガンベゾンを着てアヴァンテイル付き兜を被り、バックラー盾を持っている。

15世紀後半のブルゴーニュ軍に所属したイングランド人弓兵。板金甲冑の上から定服を着ている。

域が幾つかありました。

例えばブラバント（現在のベルギーやオランダ）出身の傭兵は槍兵として有名でした。彼らは盾を持ちつつ非常に柄の長い槍を構えて、さながらハリネズミのような隊形を組んで戦いました。彼らは騎兵隊が突撃してきても臆することなく踏みとどまり、突撃を撃退することさえできたのです。

ジェノヴァ出身の傭兵はクロスボウ兵として知られており、フランス軍によって大量に雇用されていました。また北イタリアの都市国家には外国から多くの傭兵が流れ込み、コンドッティエーレという独特な傭兵集団を作り上げます（P.48参照）。

またスイスやドイツで生まれた精強な傭兵隊はやがてヨーロッパを席巻し、中世戦術の変革者になるのです（P.41、P.46参照）。

傭兵の組織

13世紀のイングランドで封建軍を補うために雇われた傭兵隊の編成は、民兵隊とそう大きな違いはなかったようで、彼らは通常100人ごとに編成され、さらに10～15人の小部隊に分かれていました。

このように傭兵隊は比較的小規模な部隊でしたが、やがて有力な傭兵隊長が「大傭兵隊」（グレート・カンパニー）と呼ばれる大部隊を作るようになります。1351年に登場したヴェルナー・フォン・ウルスリンゲンの傭兵隊は、スイス人とドイツ人計6,000人の兵士を抱えていたといいます。

イングランドの改革

イングランドでは、エドワード1世（在位1272～1307年）が金銭で雇われる軍隊の採用を積極的に行いました。在位中ウェールズとスコットランドへの遠征を繰り返した彼にとって、年間40日間しか戦えない封建制軍はあまりに制約が多かったのです。彼の治世にイング

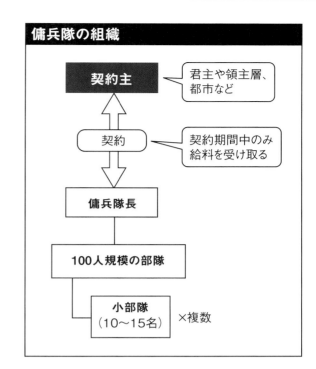

傭兵隊の組織

契約主 ― 君主や領主層、都市など

↕ 契約 ― 契約期間中のみ給料を受け取る

傭兵隊長

100人規模の部隊

小部隊（10～15名）×複数

ランド王室の財政は大きく向上し、王は多額の資金を兵士の給料に充てることができました。封建制の軍隊は40日間無償で従軍し、無償期間が終わった後で追加の給料が支払われたのですが、時にエドワード1世は全期間を通じて給料が支払われる有給の遠征軍を起こしました。王にとって、初めから金銭で雇われる軍隊の方が、封建制の義務に基づく軍隊よりもかえって信頼が置けたのです。

しかし興味深いことに、多くの有力貴族が給料の受け取りを拒否して伝統的な無償奉仕をあえて選びました。金を受け取って戦争に行くことは傭兵のやることであり、名誉ある貴族にはふさわしくないと考えられたためです。このため封建制に基づく招集は消滅せず、エドワード1世は時に封建制の伝統に基づく無償奉仕の軍を招集し、また別の時には金銭で雇用される有給の軍隊を招集しました。

参陣委託

イングランドでは、平民男子（16～60歳）

には求められた際に自らが住む郡に奉仕せねばならないという伝統的な義務が課されていました。この伝統を受け継いだのが参陣委託（コミッション・オブ・アレイ）で、エドワード1世によって制度化（1285年のウィンチェスター憲章）されました。この制度の下、イングランドの各郡や都市には戦時に提供すべき兵の数が定められ、王室は「アレイヤー」と呼ばれる役人を任命していました。そしてアレイヤーは郡が集合場所に集めた男子の中から兵士として適任の者を選び、兵士として徴集したのです。

　参陣委託はあくまで郡の防衛のための制度でしたが、イングランド王はしばしば遠征軍の組織のためにも制度を利用しました。エドワード3世（在位1327〜1377年）が集めた百年戦争当初のイングランド軍にも、多数の参陣委託によって召集された兵士が参加しています。しかし王の在位中に参陣委託によって義務的に出征した兵士の割合は下がっていき、彼の死後は反乱や、ウェールズ、スコットランド人の侵入に対応する制度になりました。

インデンチュア制度

　エドワード3世の時代に、書面による契約に基づいて兵士を集める方法が定着しました。王は「隊長」（キャプテン）と呼ばれる有力者と契約書を交わし、隊長が期日までに集めるべき兵士の人数を定めました。書面には同じ契約内容が2回書かれ、偽造を防ぐため書面はランダムなくぼみを付けて二つに切り分けられます。1部は君主が、もう1部は隊長が持ち、くぼみがぴたりと一致することで偽造を防ぎました。これがインデンチュア制度の名前の由来です。そして今度は隊長が自分の領地で募った兵士たちと契約し、戦闘部隊を編成しました。この契約では兵士が

受け取る給料、契約期間、義務が定められています。こうして集められた部隊には騎士やサージェントといったメン・アット・アームズ、様々な武器（特にロングボウ）で武装した歩兵たちが含まれていました。一例をあげると1341年にノーサンプトン伯はバナレット騎士7人、騎士84人、騎士以外のメン・アット・アームズ199人、弓兵250人、歩兵200人を提供する契約を結んでいます。契約期間は40日や1年など日数が定められている場合もあれば、延長が可能だった場合、終身契約の場合もありました。

　前述したように参陣委託制度で集められた兵士の割合が減ると、百年戦争（1339〜1453年）を戦った貴族や騎士を含むイングランド軍の兵士たちは、大部分が契約に基づいて給料を受け取る職業軍人たちに変化しました。

フランスの改革

　14世紀にはフランスでもイングランドと同様に、純粋な封建制軍隊から金銭で雇用される軍隊への変化が進んでいきました。

　百年戦争が始まった段階で、貴族・騎士を含んだ封建軍の参陣に対しても、旧来の無償奉仕

ではなく、給金が支払われるようになっていました。

また、フランスは非常に都市部が豊かな国であり、軍の召集において都市は非常に大きな役割を果たしました。14世紀には、フランスの都市はそれぞれが騎兵と歩兵を含む小規模な軍隊を保有しており、都市には戦時に部隊を提供する義務が課せられました。逆に農村から集められる民兵の役割は大きく縮小し、ほとんど戦場からは姿を消してしまいます。

この時代、地方を治める貴族たちは国王と契約を交わし、職業軍人からなる部隊を提供するようになりました。この「職業軍人」たちは多くの場合、雇い主である貴族と関係のある下級貴族や騎士たちでした。彼らは一応貴族ではあっても比較的貧しく、領地からの収入では生活がたちゆかないため、戦場での働きで成功を収めようとしたのです。

こうした由緒正しい者たちとは別に、かなり出自の怪しい兵士たちもフランス軍に加わりました。彼らは傭兵隊（コンパニー）を結成し、隊長が国王と契約を交わして国に仕えます。しかし中には無法者同然の集団もおり、戦力として頼りないばかりか、契約終了後にフランス国内で略奪行為を働くことさえしばしばでした（次ページ参照）。

この他にも外国から雇った傭兵隊があり、特にジェノヴァ人のクロスボウ兵隊がよく知られています。

王軍長、元帥、クロスボウ兵長官

百年戦争初期に敗北を重ねたフランス軍ですが、組織面においては進んだ点がありました。

封建制の軍隊には、現代の軍隊のように実力に応じて昇進できる明確な階級制度などありません。大部隊の指揮官は大抵の場合貴族であり、生まれついての身分や年齢が権限の強さを決めました。しかしフランス軍には、こうした身分の差を飛び越えて軍を指揮する高級軍人が存在しました。

第一に挙げられるのが王軍長（コンスタブル）です。この位は軍隊における国王の代理人とされ、戦場に国王が来ない場合は彼が軍の指揮を執りました。平時にあっては軍を管理し、常に軍が精強な状態にあるよう保つのも彼の仕事です。百年戦争中の1370年に王軍長に任命されたベルトラン・デュ・ゲクラン（1320～1380年）は名将としてよく知られていますが、彼は貧しい騎士の家系に生まれ、戦功によって昇進した人物でした。イングランドにもコンスタブルという役職がありましたが、これは治安維持を任務とする地方役人、または王室周辺の警護などを担当する役職です。

元帥は軍の移動と宿泊を統括する役職でした。中世の戦争では何万人もの軍隊が長い隊列を組んで移動し、その途中でテントを張って野外に宿泊します。元帥は移動時にルートを指示し、野営の際はテントの割り当てなどを決定します。戦闘にあたっては、陣形を組むために兵士を移動させるのも元帥の管轄でした。王軍長は全国に1人だけでしたが、元帥は複数人が任命されました。

クロスボウ兵長官はクロスボウ兵のみならずフランスの全歩兵を管轄する役職で、戦場でも歩兵部隊の指揮を執ったようです。

こうした高級軍人たちは、戦場で指揮を執るだけでなく、戦時に王に助言を与える役目も担っていました。

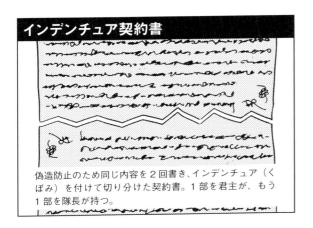

インデンチュア契約書

偽造防止のため同じ内容を2回書き、インデンチュア（くぼみ）を付けて切り分けた契約書。1部を君主が、もう1部を隊長が持つ。

山賊化する傭兵

　傭兵たちが中世の軍隊に欠かせない存在になる一方で、彼らには戦争が終わると山賊化するという恐ろしい悪癖がありました。

　傭兵は契約期間中のみ賃金を貰い、かつ占領地での略奪によって懐を潤しました。そのため戦争が終わるか、休戦状態となって契約が解除されると途端に無収入になってしまいます。その時傭兵たちは山賊に転職し、何の躊躇もなくそれまで仕えていた国の農村部を襲いました。

　そもそも傭兵たちには国家に対する忠誠心などなく、契約期間が終わればすぐに次の契約を求めて別の雇い主を探すのが常でした。このように雇い主から別の雇い主へと行き来し、時に山賊と化す傭兵隊は「フリーカンパニー」と呼ばれました。

　特に百年戦争中のフランスでは、ポワティエの戦い（1356年）で国王ジャン2世が捕らえられたため秩序が崩壊し、農村部に山賊化した傭兵が跋扈しました。彼らは砦を構えて農村から貢物を納めさせ、裕福な旅人を誘拐して身代金をとり、時に別の傭兵隊と徒党を組んで街を襲撃することさえあったのです。フリーカンパニーが簡単に雇い主を変えられた（つまり敵国に鞍替えできた）のも、収入源を失った彼らが国内で山賊化するよりはまし、と考えられたからです。フランスでは、傭兵隊が「皮剥団」と呼ばれたという事実からも、当時の傭兵たちがいかに人々から恐れられたかが伝わってきます。

　フランスでは、シャルル7世（勝利王、在位1422～1461年）が軍の改革の一環として貴族が軍を保有することを禁止し、傭兵の雇用を国王に集中させますが、これには国中を荒らし回る傭兵を抑制する目的もありました（P.50も参照）。

傭兵の「在庫処分」

　百年戦争の最中の1361年、フランスはミラノ公国を占領するため傭兵を中心にした大軍を送り込みます。この遠征軍は結果的に全滅しますが、実はこの遠征には国内で山賊化しかねない傭兵たちを外国に「捨てる」という別の思惑もありました。

　同様の行為はイングランドも行いました。1364年に英仏両国はカスティーリャ王国の王位継承問題（カスティーリャ継承戦争）に介入します。当時のカスティーリャでは、ペドロ1世（残酷王、在位1350～1366年、1367～1369年）とその異母兄エンリケ（後のエンリケ2世、在位1369～1379年）が王位を巡って対立していましたが、イングランドがペドロを、フランスがエンリケを支援して軍を送ったのです。これはもちろん自国が支援する人物を王位に就けて同盟国を増やす目的がありましたが、それとはまた別に山賊予備軍である傭兵を国内から追い出すという目的もあったのです。両国の目論見通り、この戦争で英仏の傭兵たちは壊滅します（しかし名将と名高いエドワード黒太子が遠征中に病気にかかり、のちにその病が元で没してしまいました）。

14世紀の写本に描かれた兵士による略奪の様子。

スイス軍

中世ヨーロッパに存在した軍隊は、どれも多かれ少なかれ封建制に基づいた軍隊でした。この封建制において、貴族や騎士たちは君主から土地を与えられた見返りとして戦場で戦います。そうした貴族層を中心に、住民の義務として戦う民兵や、金で雇われた傭兵が加わって封建制軍隊が形作られるのです。

しかし中世後半になると、平民出身の歩兵を中心とした軍隊が貴族層からなる騎兵中心の軍隊を打ち破る例が増えてきます。特によく知られるのが14世紀初め頃に登場するスイス軍です。中世のスイス軍は農民や都市住民出身の歩兵を中核とした軍隊でした。強い郷土愛がもたらす団結心と攻撃精神に支えられた彼らは、戦場では積極的に攻撃することを好みます。そして彼らがもたらした「規律ある攻撃的な歩兵部隊」というアイデアは、やがてヨーロッパの軍隊に大きな影響を与えることになるのです。

当時のスイス

現在スイスと呼ばれる地域はもともと神聖ローマ帝国の一部であり、いくつかの邦(カントン)に分かれていました。そして帝国の一部ではあっても、それらの地域は比較的大きな自治権を持っていたのです。しかし帝国の大貴族であり、スイス一帯を含む広大な領地を治めるハプスブルク家がこの地域の自立を押さえ付けるようになると、独立の機運が盛り上がります。「森林諸邦」と呼ばれるウーリ、シュヴィーツ、ウンターヴァルデンの3つのカントンは1291年に同盟を結び、独立戦争を戦うことになります。この同盟はその後「盟約者団」として知られるように

なり、周辺のカントンが続々と加わっていきました。盟約者団が編成した平民中心の軍隊はモルガルテンの戦い（1315年）を皮切りにハプスブル家の軍隊を次々と破り、ゼンパハの戦い（1386年）ではハプスブルク家のオーストリア公レオポルド3世を敗死させます。長い戦いの末、1499年にスイスは神聖ローマ帝国からの事実上の独立を果たしました。

スイス兵

14世紀のスイス兵。平服同然の服にケトルハット型兜を被り、スイスを象徴するハルバードを手にしている。

尚武の気風

13世紀末のスイスは猛々しい尚武の気風に満ちた地域でした。この地方では地域共同体の対立が暴力沙汰になることがよくあり、各地域はそうした事態に備えて戦いに慣れた若者たちを抱えていたのです。

つまり封建騎士でなくとも、当時のスイス人にとって武器の訓練を積むことは日常の一部となっていました。スイス人は独立戦争や、後の傭兵働きで精強な兵士としての名声を得ますが、その背景にはスイスに根付いていた戦いの伝統があったのです。

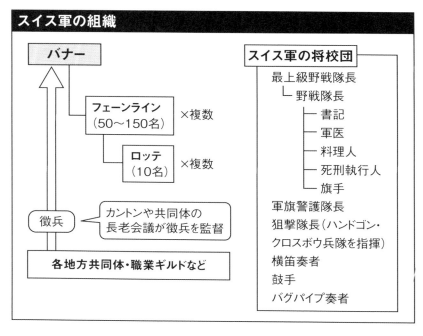

またスイスでは、敵の貴族を捕虜にするヨーロッパの伝統があまり共有されず、スイス兵は貴賤を問わず敵兵を皆殺しにする残虐さで他国に知られることになります（ただしスイス人が好んだ密集隊形では捕虜をとる人手を割きにくいというのも大きな理由の一つでした）。

森林邦と都市邦

独立以前のスイスは多くの共同体が分立した地域であり、初めから「スイス」という一つの国があったわけではありません。特に農業や林業が経済の中心である森林邦と、貿易を中心とする都市邦はかなり異なる文化や制度を持っていました。

前述の通り、独立闘争を始めたウーリ、シュヴィーツ、ウンターヴァルデンの三邦は森林邦に属する地域でした。こうした山岳部の地域は周囲から孤立していたため封建制の浸透が遅く、封建性よりさらに古い部族社会の伝統が残っていました。一方で14世紀以降に盟約者団に加わったベルンなどの都市邦は、封建的な民兵制度を持つ地域です。ベルンを例にあげると、この邦ではまず都市に住む騎士層が中心となり、そこに都市住民からなる民兵、都市外に住む農民出身の兵士が加わって軍を構成していたのです。やがて都市住民は経済的に豊かになり、13世紀の末頃には彼らの政治的発言力は大いに高まりました。と同時に軍隊における都市住民の役割も大きくなったのです。

中世後半におけるスイス軍の発展において、制度・戦術の両面においてこの都市邦の市民兵が大きな影響を与えました

徴兵制

ハプスブルク家からの独立を目指す盟約者団は、15世紀中頃に徴兵制度を導入しました。この時代の徴兵は、各カントンや地方の長老会議によって組織されました。徴兵に際し、健康な男子は「アウスツーク」、「ラントヴェーア」、「ラントシュトゥルム」の3つにカテゴリー分けされました。アウスツークは18～30歳の未婚の男子で、彼らが軍隊の中心になります。ラントヴェーアは年配の兵士たちで、普段は家にいる予備役です。ラントシュトゥルムはそれ以

外の兵士で、非常事態の時だけ招集されました。

　徴兵制の軍隊といえども、中世の原則として各種武器や防具は兵士個人が自弁しました。兵士たちは地域や職業ギルドごとに集められ、戦場ではその集まりのまま部隊を編成します。昔から気心の知れた同じ地元の仲間と戦うことで兵士の団結心は高まり、また友人の命を守るためにより一層奮闘することになったのです。

編制

　スイス軍最小の部隊は10人からなる「分隊(ロッテ)」で、それが集まって50〜150人の「小旗(フェーンライン)」を編成します。そしてさらに複数のフェーンラインが集まって「軍旗(バナー)」ができます。フェーンラインとバナーは、本来「旗」を意味する単語ですが、これは各部隊が掲げる旗がそのままその部隊の名前になったためです。

　バナーを指揮するのは「最上級野戦隊長(ウバスター・フェルドハウプトマン)」で、彼はカントンの長老会議か将兵の投票によって選ばれました。さらにその下に複数の将校や軍医、書記官、軍規違反者を処罰するための死刑執行人がおり、部隊を統率しました。一方で全軍を一手に指揮する最高指揮官は置かれないのが普通でした。

傭兵化

　1499年の独立以前からスイスの男たちは傭兵として海外の戦場に「出稼ぎ」に行っていました。もともと当時のスイスには大きな産業がなく、多くの若者が仕事にあぶれる状態でした。一方でハプスブルク家との戦争でスイス兵の強さはヨーロッパ中に知れ渡っており、各国はスイス兵を雇用したがります。そこでスイスの支配層は自国の兵士を傭兵として輸出することを思いつきました。スイス政府が各国政府と契約を結び、国家の管理のもとで傭兵を送り出したのです。この傭兵の輸出は「血の輸出」と呼ばれました。

最強の栄誉と長い黄昏

　スイス傭兵最大の雇い主はフランスでした。1474年にスイスとフランスで大きな契約が結ばれ、スイス人傭兵はフランス軍歩兵の中核となります。彼らはまずブルゴーニュ戦争（1474〜1477年）に投入され、ブルゴーニュ軍を壊滅させました。さらにイタリア戦争（1494〜1559年）ではスイス人傭兵隊はフランスの尖兵としてイタリアへと攻め込み、その強さと残虐さで大いなる名声を得ました。

　その後もスイス傭兵はフランス軍の一員としてユグノー戦争（1562〜1598年）やナポレオン戦争（1803〜1815年）に従軍しますが、ついに19世紀半ばの憲法改正により傭兵の派遣が禁止され、スイス傭兵の歴史は幕を閉じました。

スイス兵

15世紀のスイス兵。兜、顎当、ゴシック様式の鎧を身に付け、手にはパイクを持っている。

第2章　中世の軍隊

フス派軍

東ヨーロッパに位置するボヘミア（現在のチェコ西部から中部）では、少々ユニークな歩兵中心の軍隊が結成されました。15世紀初め、「フス派」と呼ばれるある種の新興宗教が中心となって軍隊を結成したのです。彼らは主に農民からなる軍隊でしたが、火器と荷車を組み合わせた戦術と、熱烈な信仰心がもたらす規律によって、神聖ローマ帝国の封建軍を幾度となく戦場で打ち破りました。

ボヘミアの状況

独立戦争が起こった15世紀初めのボヘミアは非常に不安定な地域でした。この地域の住民の大多数のチェコ人たちの間には、自分達が少数のドイツ語を話す貴族に支配されている不満が渦巻いていました。加えて「教会大分裂（大シスマ）」と呼ばれるキリスト教会の混乱期において、対立教皇ヨハネス23世が免罪符を販売したことに対する抗議運動が巻き起こります。

この流れのなかで、宗教改革者ヤン・フス（1369？〜1415年）は当時の教会を厳しく批判し、彼の改革運動はチェコ人たちの熱烈な支持を得ました。フスは1415年に異端として処刑されますが、彼が興した「フス派」に対する信仰心は一層燃え上がることとなります。1419年、プラハ市民の抗議デモ隊が市庁舎に乱入して市議を殺害する「第一次プラハ窓外放擲事件」が発生し、直後にボヘミア王ヴァーツラフ4世が急死すると、その弟で後の神聖ローマ皇帝ジギスムント（在位1433〜1437年）がボヘミア王位に就こうとしました。しかしジギスムントこそフスの処刑を主導した張本人であり、フス派の抵抗を巻き起こします。こうして起こったのがフス戦争（1419〜1436年）です。

ヤン・ジシュカ

戦いが日常化し、戦争に慣れた男手が多くいたスイスとは違い、当時のボヘミアの平民たちの間に戦いの伝統はありませんでした。こうしたいわば「素人」の農民や町人を訓練し、強力な軍隊を作りあげたのがヤン・ジシュカ（1360〜1424年）です。彼はもともとヴァーツラフ

フス派の兵士

15世紀始めのフス派のハンドゴン兵。基本的にフス派の兵士は農民だったので、多くの兵士はもっと簡素な格好だった。

4世の王宮警備隊長で、ポーランドでドイツ騎士団との戦いにも参加した人物でした。彼はプラハの支配権を巡るフス派と王党派との戦いを皮切りに、フス派の軍事的な指導者として活躍します。ジシュカはフス派の熱烈な信仰心を団結心に結び付け、フス派軍に非常に厳しい規律を敷きました。それと同時に、ジシュカは多数の荷車を繋げて即席の移動要塞を作る「車陣戦術」（P.134参照）を導入します。この巧妙な戦術により、フス派は神聖ローマの軍隊に対して連戦連勝を誇ったのです。

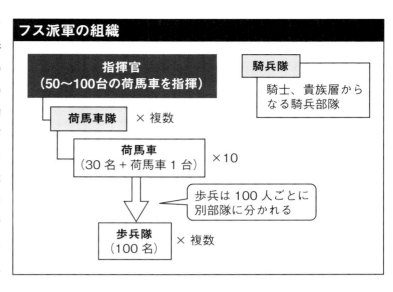

編制

フス戦争が始まり、戦術が確立されると、フス派の軍隊は戦術の柱となる荷馬車を中心に編成されました。平均的には荷馬車1台につき御者1、2名、ハンドゴン兵2、3名、クロスボウ兵2〜8名、フレイル兵2〜4名、ハルバード兵2〜4名、さらに少数のパヴィース兵（大盾兵）が配置されました。各荷馬車は荷馬車の指揮官の下に置かれ、さらに荷馬車10台の部隊に分けられました。そのさらに上に、50〜100台の馬車を統括する指揮官が置かれました。荷馬車の数は軍全体で膨大な数になり、時に数百台の荷馬車が戦場で用いられました。また歩兵は100名ごとの部隊に分けられていました。そして荷馬車隊、歩兵隊、騎兵隊をそれぞれ指揮する指揮官が各1名ずつ置かれました。

規律と信仰

車陣戦術の威力もさることながら、フス派の強さの秘訣は熱烈な信仰心が生む規律と団結心にあります。1423年、ジシュカはフス派軍の軍規を文章にして発表しましたが、その中で兵士は神を深く信仰すること、指揮官の命令に従うこと、規律を守ることが定められています。そしてまた軍規違反者には厳罰を与えることが強調されていました。

一方この信仰心の強さは残酷さにもつながりました。彼らは自分達が異端とみなされる一方、自分達が異端とみなした者に容赦しなかったのです。例えばフス派内部でアダム派という一派が分離すると、フス派は彼らに対する遠征を行い、捕虜を焼き殺しました。

敗北

幾度となく神聖ローマ帝国の対フス派十字軍を撃退したフス派でしたが、最後はボヘミアの内部分裂によって敗北します。フス派の信仰は確かにボヘミア中に広がりましたが、ボヘミアの人間全員がフス派に入信した訳ではありません。特に都市部や貴族層には従来のカトリックの信仰と王政に対する支持が残っていました。十字軍が引き上げると、フス派はこうした都市、貴族勢力と対立するようになります。1434年、ジシュカの死後フス派の指導者となった大プロコプはリパニの戦いでプラハ・貴族同盟と激突しました。この戦いの結果、大プロコプは敗死し、フス戦争は実質的に終わりを迎えます。

ランツクネヒト

スイス傭兵と並び、中世ヨーロッパの戦争に大きな変革をもたらしたのがドイツ人傭兵「ランツクネヒト」です。「ランツクネヒト」とは「祖国に仕える者」を意味し、現代では神聖ローマ皇帝マクシミリアン1世によって結成された歩兵部隊を指します。

結成の理由

1477年のナンシーの戦いで、当時最先端の軍隊だったブルゴーニュ軍がスイス兵に敗れ、ブルゴーニュ公シャルルが戦死しました（P.53～54、P.137参照）。シャルルの死は彼の娘と結婚していたマクシミリアンに強い衝撃をもたらします。と同時に当時の帝国はフランスやオスマン帝国と対立する一方で国内には政情不安定な地域を抱え、彼は強力な軍隊を必要としていました。そこで彼はブルゴーニュ軍のような組織化された近代的軍隊に、スイス軍の勇気と規律、攻撃精神を組み合わせた新式の軍隊を結成しようと考えます。1486～1487年（当時のマクシミリアンは神聖ローマ皇帝ではなくドイツ王）に、最初のランツクネヒト部隊が結成され、その後大規模な軍隊へと成長していきました。

兵士の徴募

15世紀終わり頃にドイツの人口は爆発的に増え、裕福な家庭であっても財産を相続できない男子が大勢生まれました。また厳しいギルド法の影響で、独立して自分の工房を持てない徒弟たちが巷に溢れることとなります。そのため貴族の子弟を含む多くの若者が、高給や冒険、戦利品の獲得に惹かれて傭兵になりました。ただし兵士は自費で服や装備を購入して入隊するので、あまりに貧しいとそもそもランツクネヒトには入隊できませんでした。

新兵の募集は各ランツクネヒト連隊の連隊長が中心となり、彼らはコネクションのある地域に募兵係を派遣しました。募兵係は集会場などで時に笛や太鼓を演奏し、若者に入隊を呼びかけます。ここで名乗り出た入隊希望者は後日あ

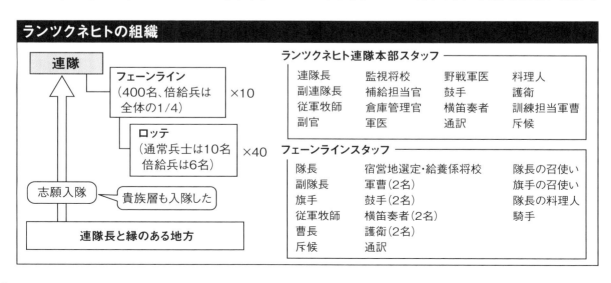

らためて別の場所に集合し、入隊の手続きを受けました。給料は入隊志願者が各自持ってきた装備に応じて決定され、軍規の説明の後、新兵は宣誓を行いランツクネヒトの一員になるのです。

ランツクネヒトの組織

ランツクネヒト部隊は連隊長をトップとする連隊が最大の部隊でした。1個連隊は約4,000人の兵士からなる部隊でしたが、新兵は連隊長が独自に募ったので、連隊ごとに隊員の総数は前後しました。連隊は10個中隊（フェーンライン）で構成されており、各中隊の兵士は約400人です。ランツクネヒトには一般兵の他に、倍給兵（ドッペルゾルドナー）という文字通り倍の給料をもらう精鋭がおり、400名の中隊のうち100名ほどはこの倍給兵でした。中隊は40個小隊（ロッテ）で構成され、1個小隊は兵士10名で構成されます。例外的に倍給兵の小隊は6名で構成されました。

連隊では各中隊、小隊の隊長の他にも、書記官や需品係将校、訓練を担当する曹長、軍規を保つ憲兵など、任務に応じた将校が存在し、当時としては実に先進的な組織だったことがうかがえます。

衣装

ランツクネヒトの象徴とも言えるのが、彼らが着た過剰なまでに派手な伊達衣装です。極彩色の布地を組み合わせ、大きなヒダを寄せ、いくつもの切れ込みを入れて裏地を見せるデザインはこれだけでも十分奇抜でしたが、それに加えてホース（中世のズボンの一種）には股間を強調するコッドピースという膨らみまでついていました。おそらくランツクネヒトのこうした服装は、彼らの手本でありライバルだったスイス傭兵と、イタリア戦争（1494～1559年）で

ランツクネヒト

ケバケバしい冗談のような衣装を着たランツクネヒトの銃兵。パイク兵やハルバード兵はこうした衣装に加えて甲冑を身に付けた。

第2章　中世の軍隊

従軍したイタリア当地のファッションを模倣したのだと考えられます。

このファッションは単に派手好きで好戦的な傭兵の気風を表しているだけなく、実用的な利点もありました。前述の通りランツクネヒトはスイス傭兵隊を模倣した部隊であり、スイス傭兵の強さは市民の郷土愛や平等意識に支えられた団結心にあります。しかしランツクネヒトは部隊に平民と貴族を含んでおり、平等意識などあるはずもありません。そこで隊員に揃いの派手な衣装を着せて、身分の差を超えた戦友愛を育もうとしたのです。ランツクネヒトの創設者である皇帝マクシミリアン1世自身も、戦時には自らランツクネヒトの衣装を着て徒歩で従軍したといいます。

47

コンドッティエーレ

13世紀以降、名高い北イタリアの都市民兵は精強さを失っていき、代わってイタリアの都市国家の指導者たちは外部から傭兵を招いて国防を任せようと考えました。こうして14世紀以降、イタリアの諸都市は「コンドッティエーレ（複数形はコンドッティエーリ）」と呼ばれる傭兵たちを大量に雇用することとなったのです（コンドッティエーレの名は、彼らが雇い主の国家と交わした「契約（コンドッタ）」に由来します）。彼らは14世紀後半から15世紀末にかけて活躍し、洗練された組織と戦術で戦史に名を残しました。一方でそのあまりにビジネスライクな姿勢は度々非難の的となっています。

イタリアの状況

当時のイタリアは複数の小国家が割拠する混沌とした状態で、諸国家は絶えずどこかの国と交戦中でした。一方でイタリアは非常に裕福な地域でもあり、ナポリ王国だけで当時のイングランドと同等の財力があったといわれています。こうした状況のイタリアは傭兵たちにとって絶好の稼ぎ場でした。13世紀半ばに北イタリアの都市が「教皇派」と「皇帝派」に分かれて対立を深めて行くと、ドイツの騎士たちが傭兵としてイタリアにわたるようになりました。さらにフランスやイベリア、百年戦争の一時休戦（1360年）後はイギリスから多くの兵士が就職先を求めてイタリアを目指します。つまり当初のコンドッティエーレは多くが非イタリア人だったのですが、やがてイタリア人自身もコンドッティエーレに加わり始めました。

またイタリア内部に目を向けると傭兵の利用にはある利点がありました。13世紀以降、イタリアの諸国はフェラーラのエステ家、ミラノのヴィスコンティ家といった有力者（シニョーレ）によって支配されるようになります。彼らにとって、金を払えばなんでもする傭兵は国家内部の派閥争いに影響されず、敵対的な人物の排除などの政治的な場面でも役立ったのです。

コンドッティエーレ

ミラノ式甲冑を着て帽子を被ったファリナータ・デッリ・ウベルティの肖像画（彼本人は13世紀の人物だが肖像画は1455年に完成）。おそらく当時の富裕な傭兵隊長も似た格好だっただろう。

契約

　コンドッティエーレは雇い主となる国家と契約を結び、その契約に基づいて国に仕えました。契約には部隊の人数、国から受け取る給料、契約期間、その他の条件が規定されています。当初、傭兵隊長は部隊を率いて都市から都市へ渡り歩く存在でしたが、やがて状況が変わっていきます。14世紀末頃から、各都市は傭兵隊長と半永久的ともいえる長期契約を結ぶようになりました。契約によって傭兵隊長には経済基盤となる土地が与えられ、徐々に「流れ者」から都市に仕える上流階級へと変化します。と同時に傭兵部隊は半ば恒久的な常備軍に変わってゆくのです。

編制

　未経験の新兵が入隊した場合、部隊内部のベテランに弟子入りするような形で訓練を積んだと考えられます。また、特に裕福な隊長の中には傭兵の訓練校を開設した者さえいました。

　コンドッティエーレ部隊は、基本的に騎兵を中心とした部隊でした。傭兵隊の最小の単位は「ランチャ」で、基本的にはランチャは騎士（重装騎兵）1名、従騎士1名、従者1名の3名でした。15世紀半ば以降は人数が増え、騎士1名、従騎士と従者2～3名、弓兵/クロスボウ兵1～2名となります。こうしたランチャが5つ集まって「ポスタ」、ポスタが5つ集まって「バンディエラ」を作ります。ただし部隊編制は時期や部隊ごとにまちまちで、ランチャが10個で「インセーニャ」となる例や、ランチャ20～30個で「スクアドラ」、スクアドラがいくつか集まって「スクアドローネ」となる例などがありました。

　兵士の総数は各部隊毎に差がありましたが、15世紀半ばのある部隊は総勢約2,000名（騎士1226名＋小姓561名＋歩兵177名）を数えました。

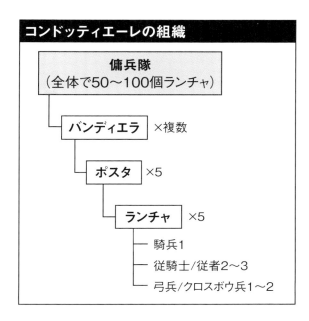

後世の評価

　現在、コンドッティエーレに下された評価は良いものではありません。彼らは占領地で度々残虐行為を行ったため民衆には憎まれ、金のために雇い主を裏切ることもしばしばでした。また戦争をなるべく長引かせて給料を多くせしめようと、戦場で示し合わせて真面目に戦わず、「八百長」を働いたとさえ言われています。こうした態度はイタリアの思想家ニコロ・マキャヴェリ（1469～1527年）によって批判され、今なおコンドッティエーレのイメージとして定着しています。そしてこうした生ぬるい戦争に慣れていた彼らは、1494年にフランスがイタリアに侵攻（イタリア戦争：1494～1559年）すると、情け容赦のないフランス・スイス軍の前に惨敗したというのが定説でした。

　しかし個々の戦闘を詳しく検討すれば、例えばパラビアーゴの戦い（1340年）などコンドッティエーレが多大な犠牲を払って勝利した例を見つけることもできます。そもそもコンドッティエーレは当時のイタリア社会のニーズに合わせて発展した軍隊であり、イタリア戦争の敗北を彼らだけのせいにするのは公平な評価ではないでしょう。

フランスの改革

中世の軍隊とは、基本的に王と貴族が持つ私兵部隊が戦時に寄り集まって構成されるものでした。しかし中世も終わりかけの15世紀後半、フランスで大きな変化が始まります。一連の改革の中で貴族の権限は縮小され、国王が強い指導力を獲得しました。こうした中、フランス王は恒久的に置かれる重騎兵隊や歩兵隊、王直属の砲兵隊を組織します。こうした軍隊は各国に影響を与え、近世の軍隊の雛形となりました。

シャルル7世

1444年から1449年にかけて、英仏の百年戦争は一時休戦となります。この間、フランス王シャルル7世はフランス軍の大規模な再建に着手しました。この改革と同時に、国王は貴族たちに王の許可なく軍を起こすことを禁止し、戦争を国王の専権事項とします。この布告は貴族たちの反乱を引き起こしましたが結局は鎮圧され、常備軍設立の道が開けました。そうしてシャルル7世が設立したのが「勅令隊（コンパニ・ドルドナンス）」です。

勅令隊

シャルル7世によって設立された勅令隊は、基本的に王直属の騎兵隊でした。この勅令隊には、イングランド軍と戦うと同時に、フランス国内で山賊化した傭兵隊を鎮圧し、治安を維持するという任務も与えられています。

1個の勅令隊は100個の「ランス」からなり、1個ランスは騎乗メン・アット・アームズ1名、従騎士1名、騎乗弓兵3名、小姓1名の計6名からなります。1445年には15個の勅令隊が組織され、後に20個に増やされました。彼らは戦略的に重要な街に配置され、平時には地方から給料を受け取りました。

また、要塞守備隊版勅令隊も結成されました。かつては騎兵を含む部隊でしたがやがて歩兵隊化し、非騎兵のメン・アット・アームズ1名、弓兵2名、小姓1名の計4名からなる「ランス」900個で構成されるようになります。

免税射手隊

勅令隊に続き、1448年に歩兵隊である「免税射手隊」も設立されました。所属する兵士は各教区から武器の腕前を基準に選ばれ、平時は自宅に留まり、祝祭日に訓練を行います。給料は定期的に支払われ、兵士には免税の特権も与えられました。総兵力は8,000人程度で、200〜300人規模の中隊、後に500人規模の「軍旗隊」に分けられていました。しかし部隊としては精強さに欠け、フランス軍団と入れ替わる形で1481年に解散されます。1485年に再結成さ

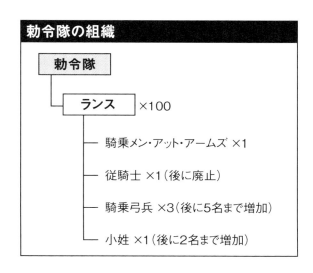

勅令隊の組織

- 勅令隊
  - ランス ×100
    - 騎乗メン・アット・アームズ ×1
    - 従騎士 ×1（後に廃止）
    - 騎乗弓兵 ×3（後に5名まで増加）
    - 小姓 ×1（後に2名まで増加）

れましたが、あくまで地方防衛の民兵隊としてでした。

王立砲兵隊

　免税射手隊の設立と同時期に、フランスではジャンとガスパールのビューロー兄弟が王立砲兵隊を組織しました。彼らの功績は、第一に銃・大砲を製造する熟練の職人たちを一箇所に集め、大砲の効率的な生産を可能にしたことにあります。シャルル7世は彼らに大金を投じ、砲兵隊の拡充を図りました。こうして成長した王立砲兵隊は、大陸からイングランドを駆逐し、フランスが百年戦争に勝利するにあたり多大な貢献を果たしました。

　ビューロー兄弟の砲兵隊は、カーン、バイユー、ルーアンなどの拠点を短時間で陥落させ、イングランド軍を追い込みます。さらにフランス軍の大砲は野戦でも活躍し、フォルミニーの戦い（1450年）やカスティヨンの戦い（1453年、P.116参照）などでフランス軍の勝利に貢献しました。

フランス軍団

　1481年に免税射手隊が解散される直前に編成された新たな歩兵隊が「フランス軍団」です。編成された当時のフランス軍団は経験豊富な歩兵10,000名と、工兵2,500名から構成されていました。この新部隊の訓練にあたってはすでにフランス軍に雇い入れられていたスイス人傭兵が教官役を務め、フランス軍団はスイス式のパイクとハルバードの戦術を導入します。おそらく部隊編成も当時のスイス軍（P.43参照）を参考にしたのでしょう。

　結成から16世紀前半にかけてフランス軍団は拡大を続け、フランス国内で勤務する「アルプス以北軍団」と、イタリアに遠征する「アルプス以南軍団」に分かれます。フランス軍団は16世紀後半まで存在しましたが、やがてより近代的な歩兵連隊に取って代わられました。

勅令隊の兵士

勅令隊は基本的に重武装の騎兵隊だった。図は15世紀後半のゴシック式甲冑。

スイス傭兵

　フランス軍団と並んでフランス軍歩兵の中核となったのがスイス人傭兵隊でした。特にイタリア戦争（1494〜1559年）におけるスイス人傭兵の数は凄まじく、1494年に8,000人、1495年に10,000人、1499年に12,000人、1500年には20,000人ものスイス人がフランス軍に加わりました。

　その後もスイス人傭兵は長くフランスに仕え、フランス革命時にルイ16世を守って討死したスイス人衛兵隊のエピソード（1792年の「8月10日事件」）はよく知られています。

薔薇戦争時のイングランド軍

百年戦争に敗れたイングランドでは敗戦の衝撃から王の権威が失墜し、一方で貴族たちは大規模な私兵部隊を維持し続けました。この状況に王家の王位継承問題が重なり、イングランドは王家と貴族同士の内戦、薔薇戦争（1455～1485年）へと雪崩れ込みます。

リヴェリー・アンド・メンテナンス

イングランドのインデンチュア制度（P.38参照）は、優秀な職業軍人たちを大量に集められた一方で、彼らを束ねる「隊長(キャプテン)」はあくまで大貴族たちでした。国王が強力な正規軍を持たなかったことも相まって、こうした大部隊を持つ領主たちの発言力は大きくなっていきます。

百年戦争は1453年に終わりますが、その頃のイングランドは法律より力が物を言う社会でした。例えば領主が裁判に訴えるような事態が起きると、彼らは自前の部隊を裁判所に送り込み、有利な判決が出るよう強要しました。また領地の相続などの法的な問題が発生しても、領主たちは実力行使でこれを解決しようとしたのです。

この状況の中で、地方の地主層はこうした争いに巻き込まれた時に備え、大領主の庇護を求めるようになります。その結果大貴族と小地主たちは「リヴェリー・アンド・メンテナンス」と呼ばれる契約を結ぶようになりました。この契約は、平時には領主が保護下の地主を幇助し、いざという時には地主たちが領主のために戦うことを定めました。領主は契約下の地主たちに揃いの柄で染めた定服(リヴェリー)を支給し、これが戦場では部隊の目印の役目を果たすのです。なお戦う

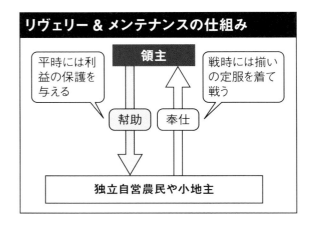

ことはあくまで平時の庇護の見返りなので、基本的に無償奉仕です。

この契約関係は薔薇戦争に参加した大領主の部隊を編成する際に重要な役割を果たしました。領主の抱える私兵部隊は、領主に仕える騎士などの封建的戦士、金銭で雇われた職業軍人に加えて、リヴェリー・アンド・メンテナンスの契約を結んだ兵士たちで構成されたのです。

定服

領主が「リヴェリー・アンド・メンテナンス」下の兵士に支給した定服は、甲冑の上から着るゼッケンのような服でした。定服に描かれた図柄は領主の家の紋章の主要な色から取られるか、全く関係ない場合もありました。

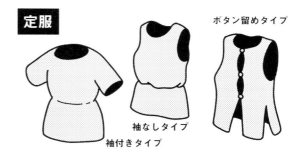

ブルゴーニュ公国軍

1356年のポワティエの戦いで勇敢に戦ったフランスのフィリップ王子は、褒美として父王ジャン2世からブルゴーニュ公爵に任じられます。以降ブルゴーニュ公国はフランス王家（ヴァロワ家）の分家であるヴァロワ＝ブルゴーニュ家が治めることとなりました。新公爵フィリップ2世（前述のフィリップ王子、豪胆公、在位1363～1404年）は精力的に領土を拡大して公国の影響力を伸ばすとともに、フランスとも良好な関係を築きます。しかし2代公爵ジャン2世（無怖公、在位1404～1419年）の代に関係は急激に悪化し、以来ブルゴーニュ公国はフランス王国の大きな脅威として存在し続けたのです。

シャルル突進公

最後のブルゴーニュ公シャルル（突進公、在位1467～1477年）は、歴代公爵の中で最も軍事に熱心な君主でした。古代の英雄の伝記や軍事関連の書物を熱心に読み、理想の軍隊の姿を追求した彼は軍の改革に多大な労力を注ぎます。この改革の結果、彼のブルゴーニュ公国軍は当時世界最先端の軍に生まれ変わりました。シャルルの手によるブルゴーニュ公国軍は、書面で規定された部隊編制、軍を管

理する官僚組織、統一された装備と制服、そして大規模な砲兵隊を持つ、当時としては極めて先進的な組織となったのです。以後ヨーロッパ各国はブルゴーニュ軍を模倣し、近代ヨーロッパの軍隊の基礎が築かれます。しかし軍事改革者として多大な功績を残したシャルル突進公で

ブルゴーニュ軍の兵士

下）青と白の地に赤い聖アンデレ十字を描いた定服を着用したブルゴーニュ軍のクロスボウ兵。

右）ブルゴーニュ軍の標識である白と青の羽根飾りと聖アンデレ十字（取り付け方法は推測）を身に付けた騎兵。甲冑はミラノ式。

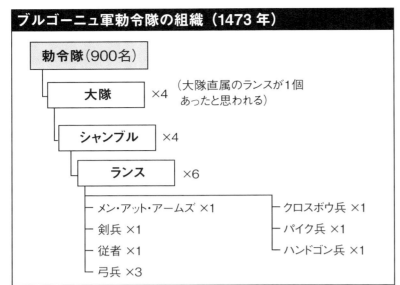

すが、彼本人は自ら軍を率いた戦いで大敗し、悲惨な最期を遂げてしまいます。

シャルル突進公の軍隊

　従来のブルゴーニュ公国軍は当時のヨーロッパ各国と同じく、戦時にのみ招集され、戦争が終われば解散される軍隊でした。しかしシャルルはフランスの勅令隊（P.50参照）を真似て、戦時・平時にかかわらず常に招集される軍隊、すなわち常備軍を組織します。ただし常備軍とはいっても兵士は全員ブルゴーニュ人という訳ではなく、大量のイングランド人、イタリア人傭兵が含まれていました。ブルゴーニュ軍の勅令隊に関する規定はいくつかありますが、1473年に発行された規定では、各勅令隊は4個大隊から構成され、1個大隊は4個の「シャンブル（フランス語で部屋、営倉の意味）」で構成されるとされました。そして1個シャンブルは6個槍組（ランス）で構成され、各ランスはメン・アット・アームズ1名、剣兵1名、従者1名、弓兵3名、クロスボウ兵1名、パイク兵1名、ハンドゴン兵1名の計9名とされました。おそらく各大隊にはシャンブルに属さないランスが1個追加され、大隊は25個ランスからなっていたと思

われます。こうして各勅令隊は100個ランス、総勢900名の組織となったのです。

　上記の9名からなるランスが、戦場では同じ武器を持つ兵士ごとに組み替えられたのか、それともこの9名がそのままチームを組んで戦ったのかは意見が分かれています。

制服

　兵士が身に付ける甲冑や装備も書面で規定されました。1471年の規定では、メン・アット・アームズは乗馬の額当てに青と白の羽根飾りを付けることとされています。また鎧に取り付ける赤いビロード製の聖アンデレ十字（X字状の斜めの十字）も支給されました。弓兵と剣兵には、青と白の地に赤い聖アンデレ十字を描いた上着が支給され、制服の役目を果たしました。

砲兵隊

　残念なことにシャルル突進公の砲兵隊に関しては公の突然の死と公国の消滅によって資料が散逸し、詳しくはわかっていません。

　しかしながら歴代のブルゴーニュ公爵は大砲の購入に多額の費用を投じており、シャルル突進公は自軍の砲兵隊をヨーロッパ最大にして最も進んだ砲兵隊と豪語していたそうです。ブルゴーニュ軍には300門の大砲があったという記録があり、グランソンの戦い（1476年）でスイス軍はブルゴーニュ軍の大砲200門を鹵獲したと言われています。

　当時のブルゴーニュには「砲兵長」という国中の大砲を一手に管轄する役職が置かれ、非常に強い権限が与えられていました。さらに彼の下には「砲兵管理官」という複数人の部下が置かれ大砲の管理業務に従事していました。

第3章
中世の武器

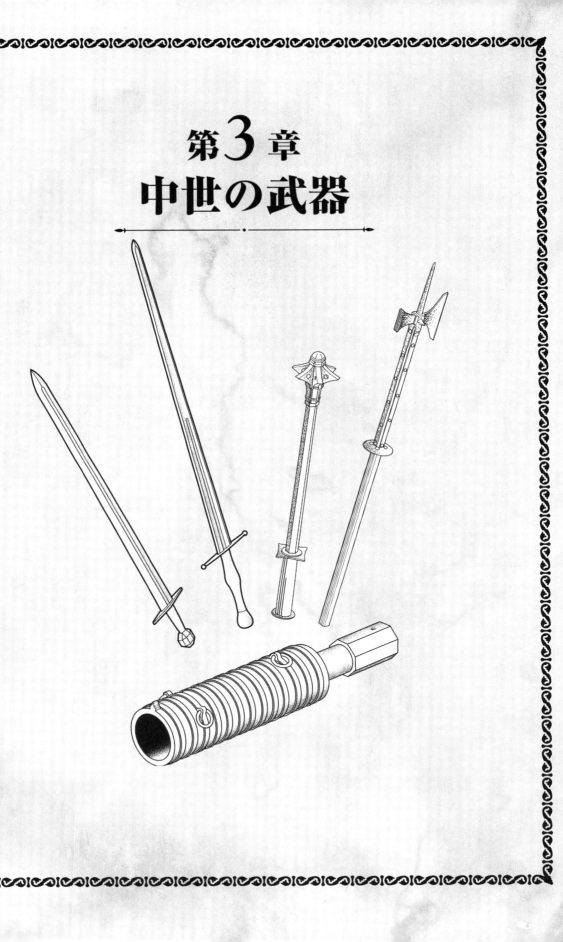

甲冑

中世が始まった時、ヨーロッパの戦士が身に付けていた鎧は鎖を編んで作った鎖鎧(メイル・アーマー)でした。しかし長い中世を通して甲冑は常に改良が加えられ、やがて体全体を可動式の鉄板が覆う精巧な板金甲冑へと発展するのです。

古代ローマの甲冑

高い技術力を有していた古代ローマ帝国は非常に高度な甲冑を製造していました。特に1世紀初めに登場した組立式鎧(ロリカ・セグメンタータ)は、鉄板を革ベルトの内張りで連結した構造で、高い柔軟性と防御力を兼ね備えていました。元首政時代のローマ軍団兵はこの鎧に、首を守るツバと頬当が付いた兜、長方形の大型盾を組み合わせて装備しました。しかしこの甲冑は製造コストの高さのせいで「3世紀の危機」を境に衰退してしまいます。以後のローマ軍兵士の甲冑は、それまで支援軍(アウクシリア)の兵士たちが身に付けていた鎖鎧(ロリカ・ハマタ)や、東方に起源を持つ鱗鎧や小札鎧へと移り変わります。このうち鎖鎧、つまり「メイル」でできた鎧が中世ヨーロッパの鎧の源流となるのです。

メイル

「メイル」とは小さな鉄のリングをいくつも繋ぎ合わせて作った防具を意味します。リングの編み方は1つのリングに対して4つのリングを繋げるのが基本でしたが、頑丈にしたい部分では1つのリングに6個か8個のリングを繋げることもありました。また、一つ一つのリングはワッシャー状に潰れていて、両端は編んだ後でリング同士が解けないようにリベット留めされていました。

ホーバーク

メイルをシャツ状に仕立てた鎧が鎖鎧です。中世初期の戦士たちが来ていた鎖鎧は半袖、ひざ上丈のサイズが基本でした。しかし次第にサイズが伸び、11世紀には7分袖、ひざ丈ほど

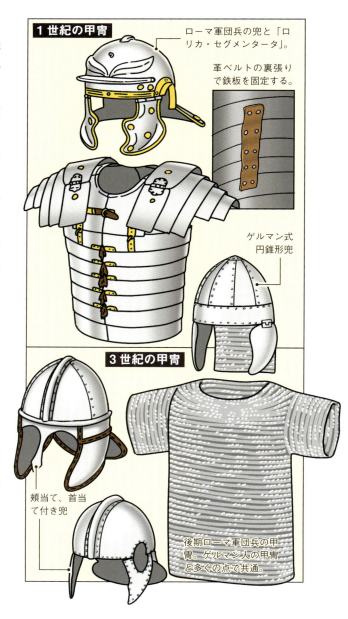

になります。さらにコイフという頭を守るフードが付くようになりました。12世紀になると袖は長袖サイズにまで伸びます。この種の丈長の鎖鎧は特に「ホーバーク」と呼ばれ、裕福な騎士階級しか購入できない高級品でした。

布鎧（アクトン／ガンベゾン）

メイルは柔軟性の高さが利点の一つでしたが、時に弱点にもなりました。剣で斬り付けられたり、何かしらの攻撃を受けた際、打撃でメイルがたわんで衝撃が伝わってしまうのです。

そこで中世の兵士たちは鎖鎧の下に分厚いキルティング地のコートを着て衝撃を和らげました。布や革を重ね合わせ、詰め物をして縫い合わせたコートは、「アクトン」または「ガンベゾン」と呼ばれ、鎖鎧を着る際の必需品でした。

兜

中世初期の兜は遺物が少なく、あったとしても有力者の副葬品が多いため、下級兵士の実戦用の兜は今一つはっきりしません。11世紀のノルマン人の兜は円錐形の鉢に、棒状の鼻当て

第3章 中世の武器

が付いていました。この兜がその後の騎士の兜の原型になっていきます。

革

革も甲冑の素材として盛んに用いられました。革は煮ると硬くなる性質があり、煮固めた革は「煮た革（キュア・ブイリ）」と呼ばれます（溶けた蝋に浸して作ったという説もあります）。当時は大きなサイズの鉄板を作ることが難しかったので、腕や脛に取り付ける防御板など、メイルでは対応できない防具にはこの煮革が重宝されました。

13世紀以後―騎士の甲冑

13世紀までにホーバークの丈はさらに伸びて、ひざ下、脛の半ばあたりに達しました。また袖にはメイルの手袋（マフラ）が付くようになります。そしてホーバークの上からは原色に染め上げ、紋章を入れたサーコートを着るようになり、騎士の見た目は実に華やかになっていきます。

兜の鼻当ては、13世紀の初め頃に顔を覆う仮面型（ナセル）の防具へと発展しました。兜は13世紀を通じて徐々に大型化し、バケツ状の頭全体を覆う形に変化します。13世紀終わり頃には非

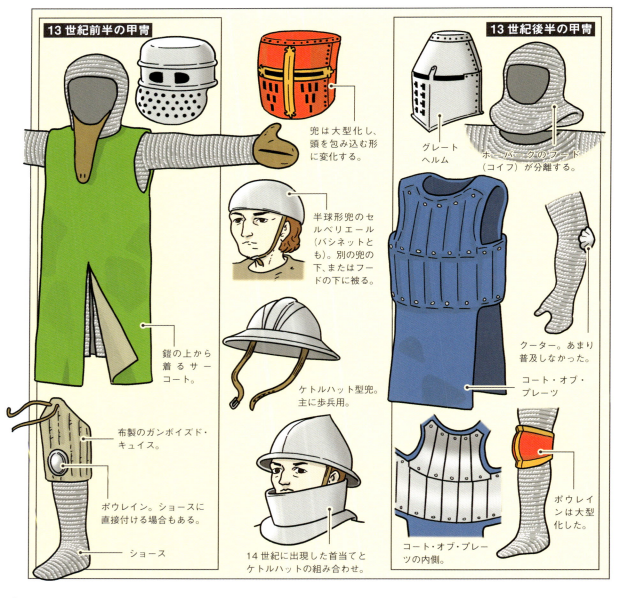

常に大型化し、グレートヘルムと呼ばれるようになりました。一方でホーバークのフード部分は頭巾状の別パーツになりました。

コート・オブ・プレーツの出現

13世紀の半ば頃に、「鉄板のコート(コート・オブ・プレーツ)」が出現します。これはエプロン状のコートの内側に鉄板をいくつも鋲留めした防具で、鎖鎧の上から着用しました。この種の鎧は非常に高い防御力を誇り、改良が加えられつつ14世紀まで使われます。

14世紀―鉄板の増加

兜の下にはメイルでできた頭巾状のコイフを被っていましたが、その頭頂部が鉄板に置き換わって新型の兜「バシネット」に変化しました。バシネットの登場後も、グレートヘルムはバシネットの上に被って使いましたが、やがて戦場から消えてしまいます。一方バシネットにはバイザーの追加などの改良が加えられ、14世紀の終わりまでに犬の顔型(ハウンスカル)と呼ばれる形に発展しました。

コート・オブ・プレーツも鉄板のアレンジが

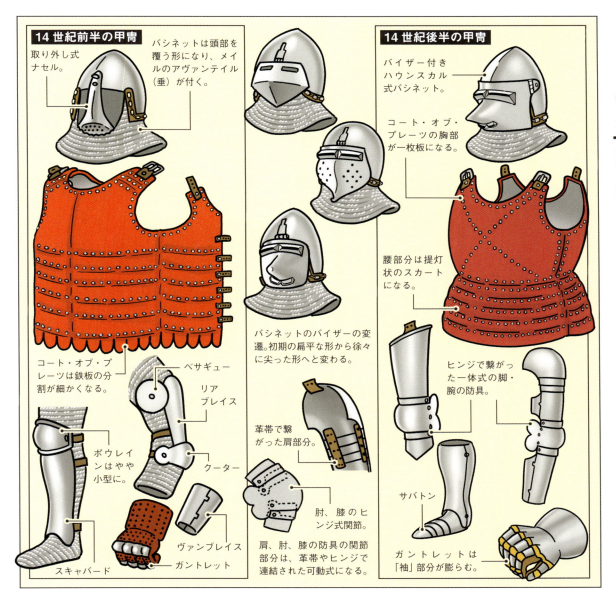

改良されました。14世紀終わり頃に胸の部分が大きく膨らんだ1枚板になり、腰から下は横長の板を縦に重ねた構成に変化します。

手足も鉄や革の板で守られるようになり、上腕、前腕、肘、太もも、すね、膝にそれぞれ板が取り付けられました。こうした板状防具はやがてヒンジで繋がり、腕と足が一繋がりの防具へと発展します。ホーバークの袖についていたメイルの手袋は無くなり、手はガントレットで守られるようになりました。また足の防具として鉄板で出来た鉄靴(サバトン)が登場します。

15世紀―板金鎧の登場

15世紀初めにバシネットについていたメイルの垂は鉄板に置き換えられ、バシネットは完全な板金兜になりました。また、コート・オブ・プレーツは表面の布が消え、鉄板は内側の革帯で連結されるようになります。こうして甲冑は全体が鉄板で作られるようになりました。鎧だけで十分な防御力が得られるようになり、騎士が左手に持っていた盾は使われなくなります。

板金鎧はその後ドイツで大きな改良が加えられ、15世紀前半に箱型胴体(カステンブルスト)という鎧が誕生し

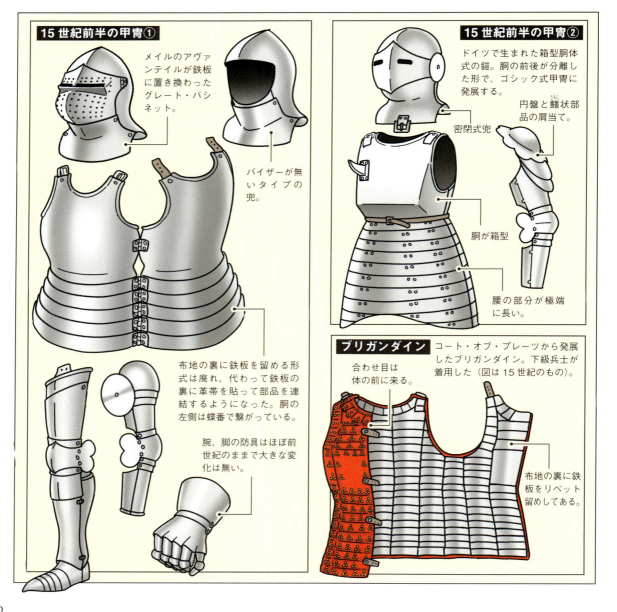

60

ます。この甲冑の胴はその名の通り箱状に角張っていました。

15世紀の半ばにはイタリアでミラノ式甲冑が登場します。これは体を動かしやすいように胴を上下別パーツにして革のベルトで吊り下げたのが特徴です。また頭全体を包み込む新型兜や、大きく広がった肩の防具など、多くの新機軸が導入されています。完成度の高さからミラノ式甲冑は各地に輸出され、後の甲冑に大きな影響を与えました。

15世紀後半にはドイツでもゴシック式甲冑と呼ばれる新型甲冑が生まれます。兜はサレット兜と顎当てを組み合わせた開放的な形で、肘はヒンジではなく紐や帯で繋がる自由度が高い設計でした。さらにゴシック式の名にふさわしく、各部に仰々しい装飾が施されていました。

中世という時代区分からは外れますが、16世紀にはさらに改良と独自色を出したルネサンス式、マクシミリアン式、グリニッジ式などの形式が生まれます。この15世紀後半〜16世紀初めがヨーロッパにおける甲冑の全盛期と言えるでしょう。

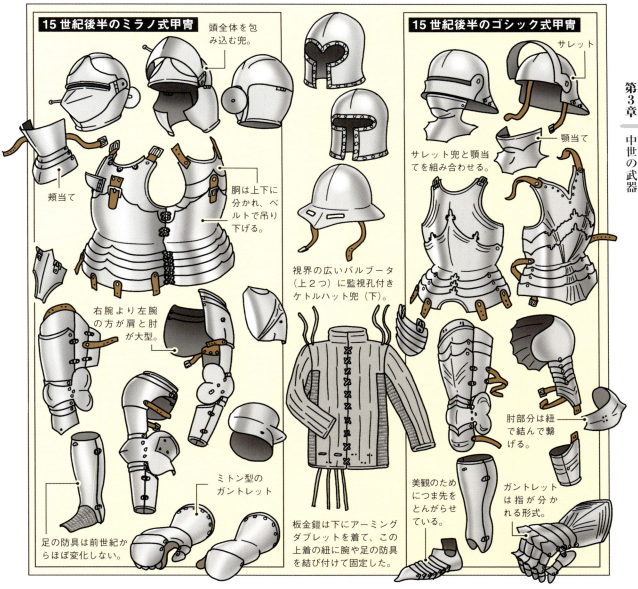

盾

左手に持つ盾は多くの文化圏において戦士の必須装備でした。それこそ古代ギリシアの歩兵からアステカの戦士までもが盾を頼みに戦い、日本のように片手持ちの盾が発展しなかった地域の方が少数派でさえあります。

古代の盾

古代ギリシアの重装歩兵たちは、ホプロンと呼ばれる大型のお椀状の盾を装備していました。この盾が隣の兵士の盾と重なり合うほど密集して歩兵が並んだ隊形が、有名な「ファランクス」です。またギリシア世界の没落以後にヨーロッパを支配したローマ帝国の軍団兵たちは、スクトゥムと呼ばれる半円筒形の盾を装備していました。ローマの軍団兵はファランクスのように一塊になって戦うのではなく、個々の兵士が短い剣を振るって戦いました。そのため側面を効率的に防御できる形状の盾が求められたのです。

中世の盾

「3世紀の危機」以降、ローマ軍団兵の大型盾スクトゥムは廃れてしまいます。代わって軍団兵はそれまで支援軍の兵士が使っていた盾を採用しました。この盾は楕円形、もしくは正円形で、お椀状に膨らんでいるか完全に平たい形状をしています。材質は木製の一枚板で、中央部に握りがあり、持ち手を通す板材の穴を金属の凸部が覆っていました。板部分は補強のため革でカバーされているのが普通です。ローマ軍と戦い、時に同盟を組んだゲルマン人の戦士たちもほとんど同型の盾を使いました。

その後の盾の変化を促したのは騎兵戦術の発展でした。11〜12世紀にかけて、馬に乗って槍を抱え持ち、そのまま馬のスピードを利用して強烈な突きを繰り出す新戦法が広がります。そして馬に乗った時に無防備な下半身を守り、かつ槍を構えやすくするため、盾は下側が伸びて横幅が狭くなりました。この種の盾は非常に重かったので、手で持つのではなく盾の裏に設けたベルトに腕を通して、ガッチリと腕に固定されました。こうして生まれたのが凧形盾です。

しかし次第に凧形盾は小型化し、13世紀初めにヒーター型盾へと発展しました（ヒーターとは熱して使うコテのこと）。おそらく脚部の防具が発達して下半身を盾で守る必要がなくなり、むしろ小型で馬上で扱いやすい盾が好まれたのでしょう。盾は通常ポプラやライムの木で作られていました。また表面には補強のために帆布や羊皮紙を何重にも重ねて糊で接着され、上から革を貼って仕上げました。裏側には腕を通し、手で握るためのストラップであるブラス（またはエナーム）が2つか3つ、そして、グイジェと呼ばれる盾を肩から吊るすための帯が留められています。また盾に通した左腕と、盾の裏側の間にはクッションが付いていました。このクッションは衝撃を和らげると同時に、矢が盾の木製部分を貫通した際に鏃を止める最後の防波堤の役目も果たします。

鎧が柔軟性のあるメイルで作られていた時代、盾は貴重な「硬い」防具として中世兵士の必須装備でした。しかし15世紀に入って板金鎧が発展すると盾の重要性は薄れ、メン・アット・アームズの装備としては廃れてしまいます。

その他の盾

　騎士はあまり使いませんでしたが、「バックラー」という盾が主に軽装備の歩兵によって使われました。これは片手で持つ非常に小型の盾で、体をカバーすると言うより体の前に突き出して相手の攻撃を受け流すように使いました。

　もう一つ中世で重要だった盾が「パヴィース」です。この盾は14世紀に登場し、イタリアのパヴィア発祥とされたことからこの名が付きました。パヴィースは非常に大型で、板の中央部は補強のため、縦方向に大きな凸状の膨らみが設けられています。また裏側には握りと共に地面に立てかけるための支柱が設けられていました。この盾は専門の盾兵が装備し、クロスボウ兵が屈んで矢を装填する間、遮蔽物として機能しました。

馬

中世に限らず、馬は軍隊にとって欠かせない動物でした。古代から馬は荷物の輸送だけでなく戦車（チャリオット）の牽引、そして騎兵の乗り物として活用され、単なる家畜ではなく戦士の「戦友」、はたまた身分の象徴とみなされました。

馬の利点

騎兵の強みはなんと言っても馬によってもたらされる機動力と、敵部隊を粉砕する衝撃力にあります。また偵察部隊や伝令兵にとっても、素早く移動するためには馬に乗ることが必須の条件でした。さらに中世の戦争の大半を占める農村への襲撃でも軽快な騎馬部隊が最適であり、主に百年戦争でイングランドが行った大規模な略奪行が「騎行（シュヴォシェ）」と呼ばれているほどです。

また馬の役割は戦闘にとどまりません。むしろ軍隊が長距離を移動する時こそ、馬はその真価を発揮しました。馬に乗れば楽に長距離を移動できるのはもちろん、大量の武器、食糧、その他の貨物を運ぶのに必要不可欠な存在だったのです。中世の軍隊が移動する際、兵士たちの後には荷物を運ぶ荷駄や馬車の列が何kmにもわたって延々と続くのが普通でした。中世も終盤になると、大型の大砲や弾薬を輸送する必要が生まれます。もし馬の輸送能力がなければ、こうした重量物の運搬は不可能だったことでしょう。

ヨーロッパの馬

ウェゲティウスが4世紀に記した記録によれば、当時高く評価されていたヨーロッパの軍馬は、フン族が用いたハンガリー系の馬や、テューリンゲン、ブルゴーニュ、フリースラント産の馬でした。また彼は北アフリカ系の馬が競争に優れると述べています。こうした北アフリカ系の馬と、それと関連するイベリア半島系の馬が持ち込まれ、馬の品種改良が行われました。

11世紀に入るとノルマン人によるシチリア島征服や、第一回十字軍が行われ、アラブ世界との交流が盛んになります。その影響により東方系の馬がヨーロッパに持ち込まれ、さらなる品種改良が進むこととなります。こうした馬はおそらくトルコマン種と考えられ、それに起源を持つアハル・テケ種から推定するとトルコマン種は運動能力の高い馬だったようです。

とはいえ現在では、中世の軍馬は一般的にイメージされるほど大きくはなかったことが明らかになっています。バイユーのタペストリーなどの分析から、11世紀初め頃の軍馬の体高（地面から肩までの高さ）は134〜145cmほどと推定されています。また現存する馬鎧、骨や絵画、当時の条例などを見るに、馬の大型化が進んだ中世後半においても、平均的な軍馬の体高は142〜152cmほどだったでしょう。

軍馬の種類

中世において、戦争に使う「軍馬」は大きく3種類に分けられました。まず軍馬のなかで最も大柄だったのがデストリエです。デストリエは戦闘用の馬で、普段は従者に引かせて戦闘や槍試合の時にのみ騎士が乗りました。馬の中で最も値段が高く、裕福な騎士や貴族しか所有できない、騎士の威光を象徴する馬と言えます。

デストリエから一段劣る馬がコーサーです。

郵便はがき

1138790

料金受取人払郵便

本郷局承認

6433

差出有効期間
2026 年 1 月
31日まで

切手は
不要です。

（受取人）
東京都文京区本郷一—二〇—九
本郷元町ビル7F

株式会社 マール社 行

本の注文ができます　TEL：03-3812-5437　FAX：03-3814-8872

マール社の本をお買い求めの際は、お近くの書店でご注文ください。
弊社へ直接ご注文いただく場合は、このハガキに本のタイトルと冊数、
裏面にご住所、お名前、お電話番号などをご記入の上、ご投函ください。

代金引換（書籍代金＋消費税＋手数料※）にてお届けいたします。
※商品合計金額1000円（税込）未満：500円／1000円（税込）以上：300円

ご注文の本のタイトル	定価（本体）	冊数

愛読者カード

この度は弊社の出版物をお買い上げいただき、ありがとうございます
今後の出版企画の参考にいたしたく存じますので、ご記入のうえ、
ご投函くださいますようお願い致します（切手は不要です）。

☆お買い上げいただいた本のタイトル

☆あなたがこの本をお求めになったのは？
1. 実物を見て　　　　　　　　　　　4. ひと（　　　　）にすすめられて
2. マール社のホームページを見て　　　5. 弊社のDM・パンフレットを見て
3. （　　　　　　　）の書評・広告を見て　6. その他（　　　　　　　　　　）

☆この本について　　　　　　　　　　内容：良い　普通　悪い
　装丁：良い　普通　悪い　　　　　　定価：安い　普通　高い

☆この本についてお気づきの点・ご感想、出版を希望されるテーマ・著者など

☆お名前（ふりがな）　　　　　　　　　　　　　　　　男・女　年齢　　　才

☆ご住所
〒

☆TEL　　　　　　　　　☆E-mail

☆ご職業　　　　　　　☆勤務先（学校名）

☆ご購入書店名　　　　　　　　　　　☆お使いのパソコン　　Win・Mac
　　　　　　　　　　　　　　　　　　バージョン（　　　　　　　　　）

☆マール社出版目録を希望する（無料）　　　はい・いいえ

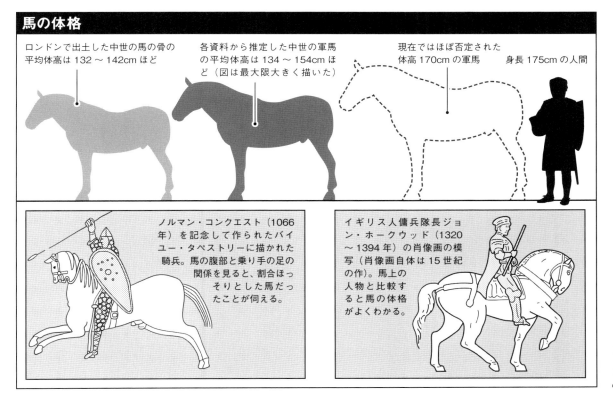

　コーサーはデストリエほどでなくとも体格が良く力強い馬であり、騎士やその他のメン・アット・アームズによって乗られました。さらに一段下がってロウンシーと呼ばれる馬があり、非騎士の騎兵や、もしくは単なる日常の移動手段として使われました。ただしこうした種別は馬の「品種」ではなく、体格や歩き方、雰囲気、用途などで分けられた類型でした。

　軍馬とは違いますがデストリエ並に高価な一方で穏やかな気質を持ち、貴族が旅行や狩りに使ったパルフリーといった馬も存在しました。

馬の歩法

　馬にはいくつかの歩法（歩いたり走ったりする際の足の動かし方）がありました。まず普通の「歩き」といえるウォーク（常歩）、速歩きに相当するトロット（速歩）、そして全速力のギャロップ（襲歩）です。現在ではトロットとギャロップの中間にキャンター（駈歩）という歩法がありますが、中世の騎士は馬を疾走させる歩法をギャロップとだけ呼びました。ギャロップは「襲歩」という日本語訳からもわかるように、まさに敵を襲う歩法で、突撃の最終段階で騎兵は馬をギャロップに入れました。ただ中世のギャロップは現在のギャロップより遅く、およそ19〜24km/hほどだったようです。

馬の性質

　戦闘用の馬は時に激しい気性を持つように調教されました。軍馬には敵兵に噛み付いたり、敵の馬に体当たりするような荒々しさが求められたのです。とはいえ本来馬は臆病で、かつ頭の良い生き物です。もし敵兵がずらりと並んで槍を構えていた場合、そのまま槍に突っ込んで自ら串刺しになるということはありません。目の前に障害物があれば、馬は本能的にそれを避けるか、避けるスペースがなければ停止してしまうのです。そのため敵騎兵が間近に迫っても歩兵に逃げ出さない勇気と規律があれば、騎兵突撃を食い止めることも十分可能でした。

馬具

　馬具を用いず、裸の馬に乗ることは決して不可能ではありませんが、やはり馬を効果的に操り、馬の上で武器を使い、馬と乗り手の疲労を抑えるには馬具が必要でした。

　馬に直接乗る場合に必要な馬具は大きく3つに分けられます。それが頭絡、鞍、鐙です。

　頭絡は馬の頭に装着する馬具で、馬の頭に結び付けるベルト状の部分、馬の口に噛ませる馬銜、馬銜に結んで乗り手が持つ手綱からなっています。この手綱を引くと馬銜が馬の口を刺激し、乗り手の命令が馬に伝わるのです。

　鞍は乗り手が馬に乗る際の「座席」であり、木製の骨組みに馬の体に固定するためのベルトと金具からなり、鞍全体は補強と装飾をかねて布で覆われています。中世ヨーロッパの鞍は乗り手の腰の前後に当たる前橋と後橋が高く伸びており、この二つが乗り手の体を挟んで固定するので馬上槍（ランス）を使った突撃が可能になりました。やがて時代が下ると前橋は幅広の金属板となり、乗り手の腰と太ももを保護する装甲と化します。逆に後橋は細長くなり、乗り手の腰を支える腕状の部品になりました。

　鐙は乗り手が足を置くステップ状の馬具です。これには馬の乗り降りを楽にし、長距離の騎乗の際に乗り手の疲労を防ぐとともに、馬上でしっかりと足を踏ん張れるようにするなど大きな利点がありました。

　馬具とは違いますが、乗り手が踵に付ける拍車も馬に命令を伝える重要な装備でした。古くはスパイク状の「拍刺」でしたが、やがて馬を傷付けにくい回転式拍車が登場しました。

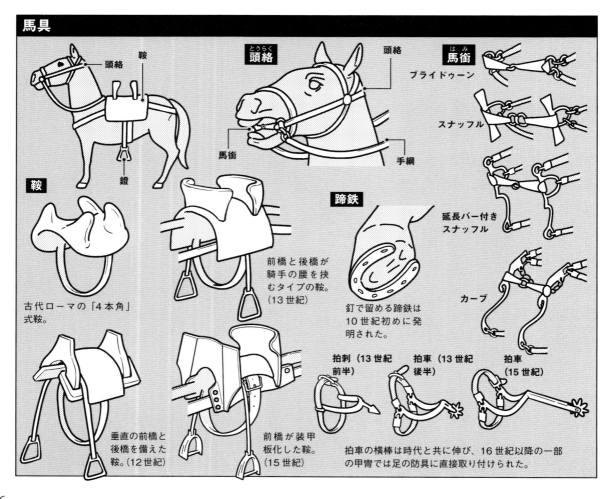

馬鎧
うまよろい

　馬は人に比べると無防備でしたが、それでも12世紀も半ばを過ぎると、馬用鎧に関する記述が増えてきます。しかし初期の馬用鎧の実態は資料不足でよくわかりません。当時の絵画では、騎兵の馬はキャパリソンというカラフルな布地に覆われた姿に描かれており、その下に何か身に付けていた可能性が指摘されています。エドワード1世（在位1272～1307年）の軍令では、鎧を着た馬に乗る騎兵は鎧なしの馬に乗る騎兵より明確に賃金が高かったため、それなりの数の騎兵が馬に鎧を着せようと思ったはずです。おそらく初期の馬鎧はガンベゾンのように分厚い布や革、またはメイルでできていて、長い年月の間に再利用されたか朽ちてしまったのでしょう。

　全身を鎧で覆わないまでも、馬体の一部分を防具で覆うこともしばしば行われました。よく使われたのが馬の頭に取り付けるシャフロンと、胸を覆うペイトラルです。こうした板状の防具は、鉄板か革で作られていたと思われます。

　15世紀に板金鎧が発展すると馬用の板金鎧も作られるようになりました。馬用板金鎧も人用甲冑のミラノ式、ゴシック式といったデザインの様式に沿って製作されました。こうした馬用板金鎧は数点が現存しますが、どれもが見事な出来栄えの高級品ばかりで、かなりの有力者でなければ所有できなかったはずです。

　一般的に言って完全装甲の馬に乗れたのは一部の裕福な貴族や騎士だけで、多くの騎兵の馬は貧弱な鎧を身に付けただけか、全く無防備かのどちらかだったのでしょう。

第3章　中世の武器

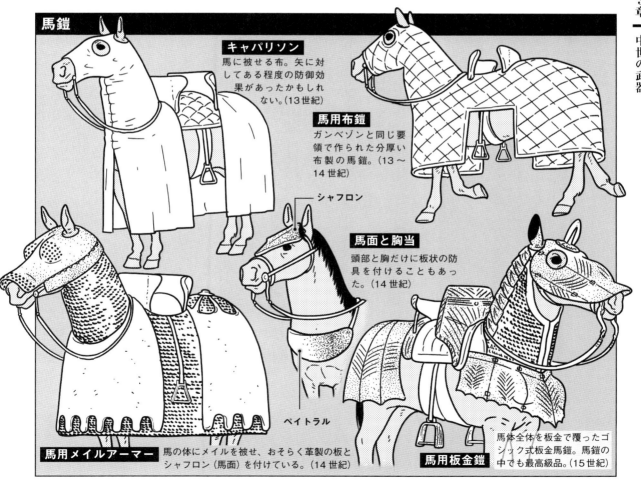

馬鎧

キャパリソン
馬に被せる布。矢に対してある程度の防御効果があったかもしれない。(13世紀)

馬用布鎧
ガンベゾンと同じ要領で作られた分厚い布製の馬鎧。(13～14世紀)

シャフロン

馬面と胸当
頭部と胸だけに板状の防具を付けることもあった。(14世紀)

ペイトラル

馬用メイルアーマー
馬の体にメイルを被せ、おそらく革製の板とシャフロン（馬面）を付けている。(14世紀)

馬用板金鎧
馬体全体を板金で覆ったゴシック式板金馬鎧。馬鎧の中でも最高級品。(15世紀)

剣

騎士にとって、剣は単なる武器でありませんでした。剣のその形状は十字架を象徴しており、騎士にキリストの戦士としての自覚と名誉を呼び起こすものだったのです。そして剣は儀礼的な武器では決してなく、極めて実用的な「戦場の道具」でもありました。

古代の剣から中世の剣へ

中世ヨーロッパの剣は、元をたどると古代ローマの剣「スパタ」に行き着きます。スパタは本来騎兵用の長い剣で、後期ローマ軍では歩兵もこのスパタを採用しました。これがカロリング朝の兵士やヴァイキングの剣に発展するのです。西暦1000年頃、こうした剣に若干の改良が加わり、典型的な騎士の剣が誕生しました。

騎士の剣

11世紀に基本形ができた「騎士の剣」の刀身は、諸刃で幅広、やや先細りで中央には樋（フラー）が走っていました。時にこの樋は斬った際に相手の出血を促すための装置だと言われますが、実際には補強と軽量化のための工夫です。柄は片手分の長さで、柄の後端には柄頭（ポメル）という重りが付いていました。この重りのおかげで重心が柄に寄って振りやすくなるのです。

次いで13世紀後半〜14世紀前半にかけて、新しいタイプの剣が登場しました。この時代、片手持ちが基本だった騎士の剣の刀身が伸び、それに合わせて柄も長くなります。この種の刃と柄が「長い」剣は文字通り「ロングソード」と呼ばれます。ただロングソードと一口に言っても、実際には数種類の剣が含まれていました。

すなわち「①普段は片手で握り、場合により両手で握る剣」、「②普段は両手で握り、場合により片手で握る剣」、「③常に両手で握る剣」です。場合によって③はロングソードに含まなかったり、①と②（もしくは①だけ）を「バスタードソード（片手半剣）」と呼ぶこともありました。

また、ロングソードとおおよそ同じ時期に、「突き剣（エストック）」と呼ばれる剣も生まれました。これは突きを重視した剣で、刀身が著しく先細りで切っ先が鋭くなっています。また正確な突きが出せるように、剣の柄頭が重く、重心が柄に寄っていました。

こうした剣が生まれた背景には、甲冑の発展がありました。この時代、甲冑には盛んに鉄板が用いられるようになり、甲冑の防御力が大いに高まります。そのためより重い一撃を繰り出したり、甲冑の隙間を狙って突きを入れる必要性が出てきたのです。

短剣

騎士も侍のように「サブ」の剣を持ちました。それが短剣（ダガー）です。12世紀以前の短剣は資料が不足していますが、片刃のナイフ状だったようです。13世紀に入ると短剣は騎士の装備としての格が上がり、鍔と柄頭を持つようになります。14世紀以降は通常の剣の"小型版"のようなタイプが現れ、さらに以下の3種類の短剣が普及しました。幅広のバシラード、柄が腎臓（つば）状に膨らんだキドニー・ダガー、鍔と柄頭が円盤状のロンデル（ロンデル）・ダガーです。このうちロンデル・ダガーは非常に鋭く、突いて使う剣だったようです。

剣の変遷

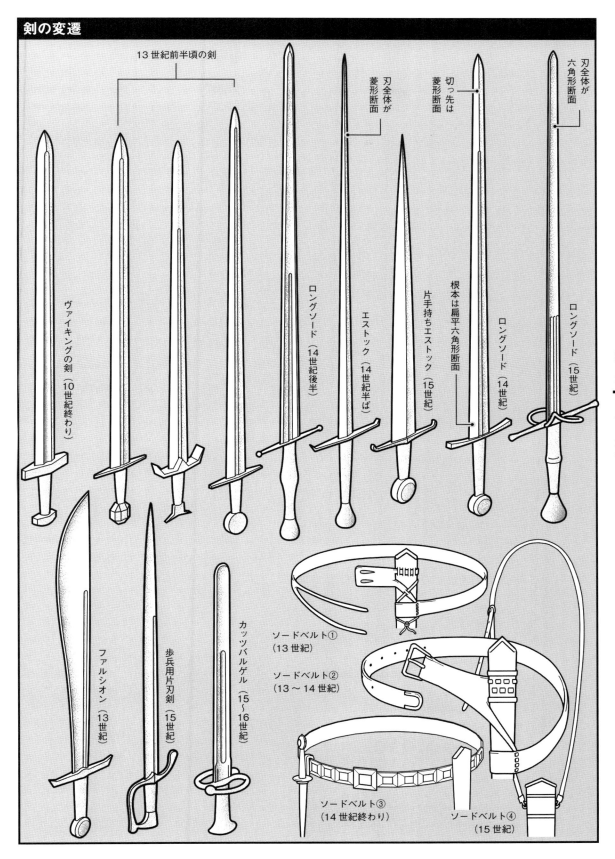

第3章 中世の武器

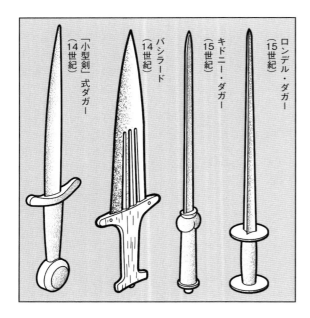

「小型剣」式ダガー（14世紀）／バシラード（14世紀）／キドニー・ダガー（15世紀）／ロンデル・ダガー（15世紀）

その他の剣

　中世ヨーロッパの剣は、騎士が用いた優雅な剣ばかりではありません。ファルシオンと呼ばれる剣は反りのある片刃の剣で、中には著しく幅広のタイプもありました。こうした剣は騎士よりもむしろ身分の低い歩兵たちに好まれたようです。またスコットランドで用いられた両手剣「クレイモア」や、ドイツ人傭兵ランツクネヒトが用いた「カッツバルゲル」や「ツヴァイハンデル」など地域色豊かな剣も存在しました。

剣術

　中世剣術は力任せに剣をふるう粗雑な技術だったというイメージがあります。しかし少なくとも中世終盤のヨーロッパ剣術は、単純どころか非常に複雑な技術体系でした。14世紀には早くも剣術の指南書が書かれており、その後ドイツを中心に多くの「戦闘本（フェヒト・ブーヒャー）」が書かれました。そうした本には、構え、斬撃、突きの繰り出し方をはじめ、敵の攻撃の受け止め方、受け止めてからの反撃方法など、非常に多種多様なテクニックが記されています。

　14世紀から15世紀は板金甲冑が発展した時期であり、それに対応する技術も考案されました。例えば片手で柄を握り、もう一方の手で刃を握る「ハーフソード」の構えがあります。こうして剣を短く持ち、相手の甲冑の隙間に正確な突きを入れるのです。また重い柄頭で相手を殴打したり、剣を逆さに持って鍔で相手を打つ「殺意の一撃」と呼ばれる技術もありました。

剣の利点

　「剣は儀礼的な武器で、戦場ではあまり使わなかった」との言説が度々繰り返されてきましたが、これには大きな誤解があります。実際には剣は戦場で大変役立つ武器であり、だからこそ民兵から貴族までもが携帯したのです。

　剣の利点は何よりも汎用性の高さです。確かにランスやポールアームなど剣よりリーチが長く強力な武器はいくつもありました。しかしそれらは馬上か下馬のどちらかでしか使えなかったり、重すぎて軽快さに欠けたりと、使える場面が限られていたのです。その点、剣は馬上、下馬いずれの状態でも使えました。また弓やクロスボウ、銃と違い、夜や悪天候の中でも使えます。さらに付け加えれば、中世では大規模な野戦は滅多に起こらず、戦争の大部分が城攻めと農村での略奪で占められていました。そのため梯子を登って城に攻め込む際や、馬に乗って農村部を襲撃する際に、剣の携帯性の高さは大きな利点となったのです。

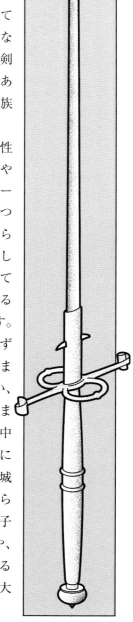

棍棒・戦斧・戦鎚
(メイス)(ウォー・アックス)(ウォー・ハンマー)

棍棒やハンマーは剣より先に存在し、おそらく人類最古の武器だったと考えられます。リーチの点では剣に劣りますが、甲冑の上からでも強力な打撃を与えられるため、騎士もこうした武器を好んで用いました。

棍棒

棍棒は木の柄に金属の頭部を取り付けたシンプルな武器です。頭には威力を増すために突起が生えており、どの角度で当たっても効果があるように突起は全方向を向いていました。15世紀に入るとメイスの頭部はフランジ状になり、高い威力を得るため尖った先端を持つようになりました。

戦斧

戦斧はゲルマン人が非常に好んだ武器で、中世では歩兵の武器として広く使われました。ただし当初は民生品の斧をそのまま戦場で使ったのでしょう。8〜10世紀にかけてヴァイキングは非常に幅広な刃をもつ両手斧を用い、このタイプは14世紀頃まで使われました。15〜16世紀の騎兵用の斧は板金甲冑を貫くことを狙い、ピッケル状の突起が付くこともありました。

戦鎚

14世紀以前の戦鎚は現存せず、その詳細は不明です。しかし15世紀には同時代の戦斧と同様にピッケル状の突起を持った戦鎚が現れました。15世紀にこうした鋭い突起を持つ武器が流行したのは、この時代に発展した板金甲冑を打ち破るためと考えられます。

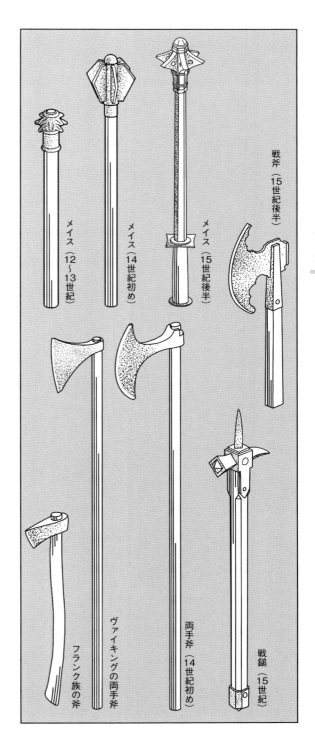

第3章 中世の武器

槍

槍はヨーロッパに限らず、世界中の文明圏で広く使われました。槍の基本設計はどれも変わらず、長い柄の先に刺すための穂先が付いています。ただし用途に応じていくつかの種類がありました。

投げ槍

投げ槍(ジャベリン)は文字通り投げて使う槍で、古代では盛んに用いられました。特にローマ軍団兵が用いた「ピルム」は有名で、帝国崩壊後もゲルマン人の「アンゴン」に設計が受け継がれます。しかしやがて弓に押され、中世初期にヨーロッパの戦場から姿を消しました。

馬上槍

馬上槍(ランス)は騎兵が馬の上で使う槍で、11世紀頃に槍を脇に抱えて突進する戦法が確立すると騎兵の主力武器になります。しかし騎馬突撃の衝撃は凄まじく、大抵は最初の1回の衝突で柄が折れ、騎兵はその後剣で戦いました。

槍とパイク

槍(スピア)は歩兵が両手で使う槍で、後期ローマ兵が投げ槍と短剣から「槍(ランケア)」に装備を変更して以降、ヨーロッパでは兵士の装備として広く使われました。

「パイク」は14世紀前半のイタリアで生まれた長い槍で、穂先がスピアより軽いのが特徴です。この武器は騎兵が徒歩で戦う際、ランスを両手で持って戦ったことに起源を持ちます。長すぎて使いにくい武器ですが、規律のある歩兵隊が密集隊形で使うと絶大な威力を発揮しました。

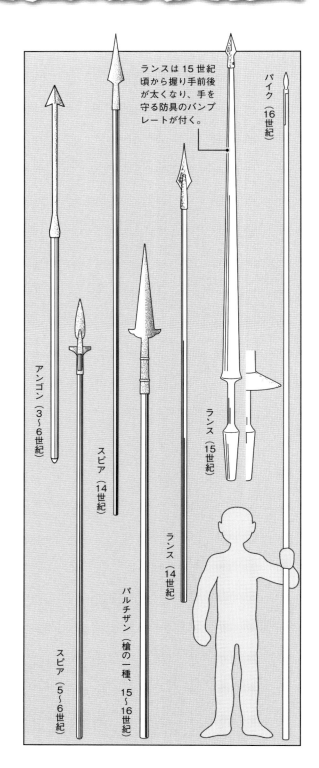

ランスは15世紀頃から握り手前後が太くなり、手を守る防具のバンプレートが付く。

アンゴン(3〜6世紀)
スピア(14世紀)
パルチザン(槍の一種、15〜16世紀)
スピア(5〜6世紀)
ランス(14世紀)
ランス(15世紀)
パイク(16世紀)

竿状武器(ポールアーム)

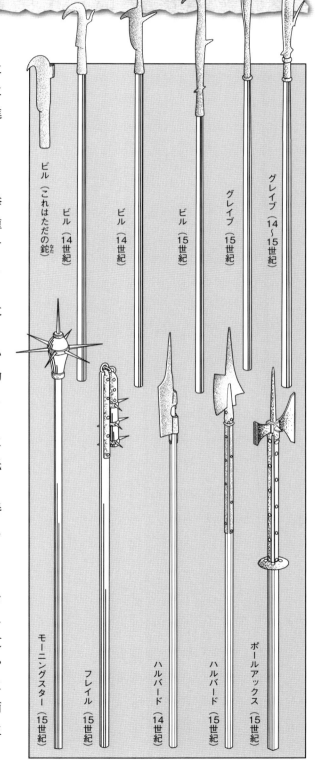

竿状武器とは、両手持ちの長い柄の先端に金属製の頭を取り付けた武器です。時に甲冑を破るほどの威力を発揮し、板金甲冑が進歩した14～15世紀に盛んに用いられました。

主な竿状武器

代表的な竿状武器として、まず「ビル」が挙げられます。元々は農民が使っていた鉈(なた)の一種で、農村出身の民兵たちがこれに柄を取り付けて即席の武器にしました。後に刀身は巨大化し、槍状の穂先が付いた本格的な武器になります。

「グレイブ」は14世紀に現れた武器で、巨大な片刃の刀身が長い柄に付いていました。

「ハルバード」は短く、かつ幅広の刃が付いた重量のある武器で、甲冑を着た相手にも有効でした。特にスイス兵による使用で有名になり、14世紀以降ヨーロッパ中に普及します。

「フレイル」は本来脱穀に使う農具で、時に棘状の突起を追加するなどの改造を施して農民出身の兵士が武器として使いました。

その他ピッチフォークなど無数の農具が武器に転用され、民兵に使用されたと考えられます。

騎士用竿状武器

上記の竿状武器は基本的に平民の武器とみなされ、騎士たちは独自の竿状武器を使用しました。それが「ポールアックス」です。これは文字通り斧に両手持ちの柄を付け、さらに槍やピッケル状の突起を加えた武器でした。非常に重く強力で、板金甲冑が発達し、盾が廃れて両手が自由に使えるようになって以降、騎士の主力武器となりました。

第3章　中世の武器

弓

クロスボウが発展したヨーロッパでは、通常の弓は影が薄い存在でした。また資料の不足から中世初期のヨーロッパの弓術についてはよく知られていません。そんな中、不滅の名声を獲得したのがイングランドの長弓です。

ロングボウ

ロングボウはもともとアングロ・サクソン人やヴァイキング、ウェールズ人が使っていた長い弓で、13世紀末にイングランド軍が大々的に採用しました。そしてスコットランド独立戦争や百年戦争で数々の大勝利を打ち立てます。銃が普及した後も連射がきく利点のおかげでクロスボウより長く使われ、陸上戦では16世紀初めまで命脈を保ちました。

構造

ロングボウはシンプルな木製弓で、素材にはイタリア産のイチイが好まれました。形状は文字通り弓形でしたが、両端が前方に反り返ったリカーブ式という弓も15世紀のブルゴーニュを中心に（主にイングランド人傭兵によって）使われています。弦は麻のより紐で、耐湿性を高めるために糊が塗られていました。弓の両端には弦を取り付ける溝が刻まれていましたが、ここを角製の別パーツにして耐久性を高めた弓もよく使われました。

矢

ロングボウの矢は、主にトネリコやアスペン（ポプラ）材の軸に鏃と矢羽を取り付けてできています。鏃は後端のソケット部分に軸を差し

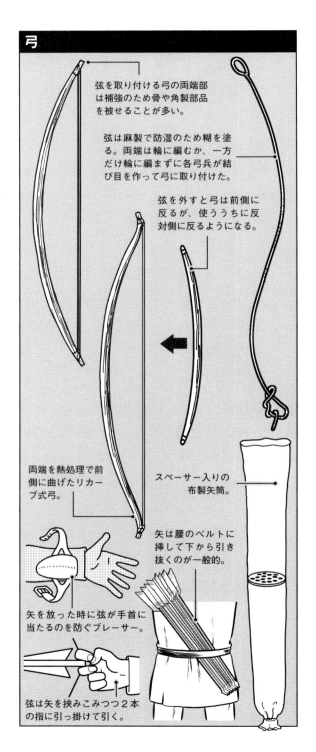

弓

弦を取り付ける弓の両端部は補強のため骨や角製部品を被せることが多い。

弦は麻製で防湿のため糊を塗る。両端は輪に編むか、一方だけ輪に編まずに各弓兵が結び目を作って弓に取り付けた。

弦を外すと弓は前側に反るが、使ううちに反対側に反るようになる。

両端を熱処理で前側に曲げたリカーブ式弓。

スペーサー入りの布製矢筒。

矢は腰のベルトに挿して下から引き抜くのが一般的。

矢を放った時に弦が手首に当たるのを防ぐブレーサー。

弦は矢を挟みこみつつ2本の指に引っ掛けて引く。

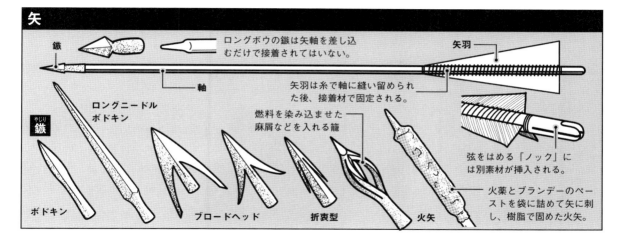

込んで取り付けただけで、人体に刺さると軸を引き抜いても鏃が体に残り、感染症の原因になりました。矢羽には主にガチョウや白鳥の羽が使われ、紐で縫い付け、糊で固定されました。

射程

特に強力な弓を使えば、最大で250m以上矢を飛ばすことも可能でした。しかしこれは極端な例で、現実的な最大射程は200m前後といったところでしょう。また現代の実験から矢の威力は35〜45mで最も高まることがわかっています。

映画では時たま、弓兵が急角度で一斉射撃を行い「矢の雨」を降らせるシーンが出てきますが、この射ち方は命中精度が悪く矢の消費量が大きい欠点があります。また弓を引いたままの姿勢を長く維持することはできないので、大勢の弓兵が一斉射撃を連続で行うことは非常に困難だったでしょう。おそらく実際の戦場では敵との距離が遠いうちは急角度の一斉射撃を行い、敵が近づいてきたら個々の弓兵がしっかりと狙いを付けて水平射撃を行うといったように、場合によって射ち方を使い分けたのだと思われます。また、水平射撃には敵部隊最前列の兵士と馬に矢が当たるので、倒れた彼らが障害物となって後方の兵士の邪魔になる、という利点もありました。

利点・欠点

ロングボウの利点は連射性能にあります。十分な訓練を積んだ射手ならば、1分間に8本の矢を射つことも可能だったでしょう。ただし戦場ではもっと抑制して矢の消費を抑えたはずです。また安価であったことも当時の貧しいイングランドで好まれた理由でした。一般的に言われるほど難しい武器ではなく、的に命中させるだけなら簡単に習得できます。問題なのは戦場で弓を引き続ける体力で、スタミナのある屈強な弓兵の養成には長い時間がかかりました。

威力

弓はハンドメイド品であり、一つ一つ威力が異なりました。しかし大まかに言って軍用のロングボウは、近距離なら板金甲冑を貫通する威力があったと考えられます。ただそれは矢が板金に垂直に当たった場合の話で、斜めに当たれば矢は逸れてしまいます。戦場では絶えず動いている兵士に対し、垂直に当たる幸運な矢はそう多くなかったでしょう。しかし多くの兵士が体の一部しか防具を身に付けていませんでしたし、馬は大抵の場合無防備でした。それに甲冑を貫通せずとも矢が命中すれば大きな衝撃が伝わり、相手を消耗させ、士気を挫いたでしょう。また自分に向かって矢が飛んでくる光景は、兵士に相当な恐怖心を引き起こしたはずです。

クロスボウ

クロスボウは水平に倒した弓に持ち手を固定し、弦を留めるロック機構と引き金を取り付けた武器です。ローマ帝国の崩壊以降ヨーロッパでは忘れ去られ、狩りの道具として細々と使われるだけでした。しかし10世紀に再び兵器として復活し、弓を押し退けて中世ヨーロッパにおける軍の主力投射兵器となります。クロスボウのロック機構、弓、スパン装置には中世を通じて改良が加えられ、威力が上がると同時に構造は複雑になっていきました。そして16世紀初めに銃に取って代わられるまで、飛び道具の女王として君臨し続けたのです。

ロック機構

ヨーロッパにクロスボウが再出現した時、弦を留め、解放するロック機構は「持ち上げペグ式」が主流でした。しかし11世紀により強い力を受け止められる「回転ナット式」が登場すると、そちらに置き換わっていきます。おそらくこの時代にポール旋盤が普及し、簡単に回転部品が作れるようになったためでしょう。

弓

初期のクロスボウの弓は単純な木製で、特にイタリア産のイチイが好まれました。12世紀

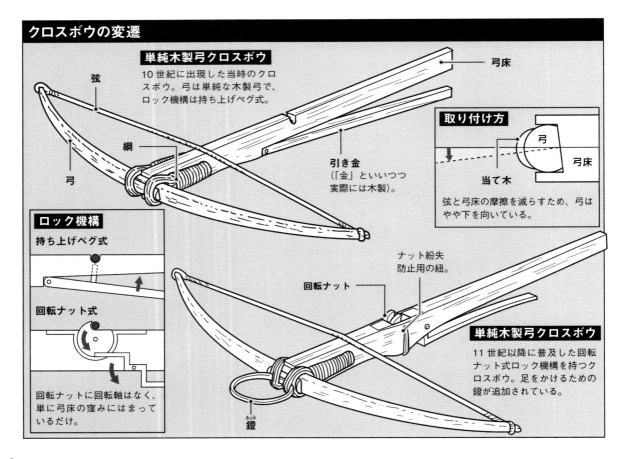

クロスボウの変遷

末〜13世紀初頭になると「複合弓」が登場します。これは木と角を様々な大きさにカットして接着し、その上から動物の腱を重ね合わせて接着剤で固めて作られました。表面は弓を保護するため樹皮や革でカバーされるのが一般的です。こうした複合弓は非常に高い威力を発揮し、軍用クロスボウの弓として盛んに用いられました。そして15世紀初頭には最も強力な鋼鉄製の弓が現れます。しかし複合弓には製造に手間とコストがかかるという欠点があり、鋼鉄弓は特に寒い時期だと破損しやすいうえに登場時期が銃と重なってしまいました。そのためどれも旧型を完全に置き換えるにはいたらず、どの種類も並行して使われました。

矢

クロスボウの矢は「ボルト」、「クオール」などと呼ばれます。基本的な作りは通常の弓用矢と変わりませんが、より太く、短く、重くなっていました。この重くて太い矢もまた、クロスボウの高い威力の大きな要因です。矢が弓床の上を滑る関係で矢羽は通常2枚で、水平に取り付けられました。

スパン装置

クロスボウの弓が強力になるにつれ、人力で弓を引くのが難しくなっていきます。そのため弓を引く力を増幅する「スパン装置」が開発されました。まず12世紀に足をかけるための鐙が登場し、以後のクロスボ

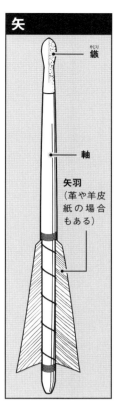

矢
- 鏃(やじり)
- 軸
- 矢羽(革や羊皮紙の場合もある)

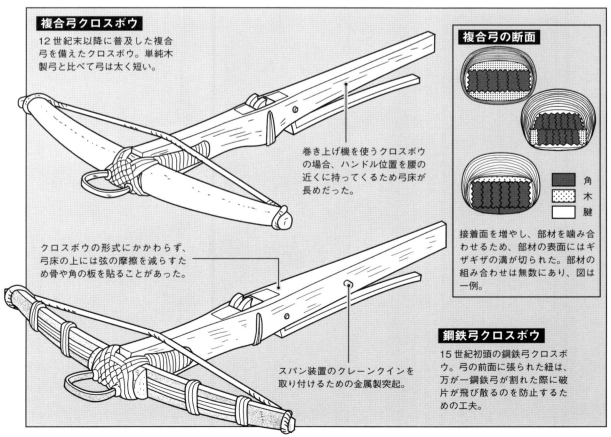

複合弓クロスボウ
12世紀末以降に普及した複合弓を備えたクロスボウ。単純木製弓と比べて弓は太く短い。

巻き上げ機を使うクロスボウの場合、ハンドル位置を腰の近くに持ってくるため弓床が長めだった。

クロスボウの形式にかかわらず、弓床の上には弦の摩擦を減らすため骨や角の板を貼ることがあった。

スパン装置のクレーンクインを取り付けるための金属製突起。

複合弓の断面

凡例：角／木／腱

接着面を増やし、部材を噛み合わせるため、部材の表面にはギザギザの溝が切られた。部材の組み合わせは無数にあり、図は一例。

鋼鉄弓クロスボウ
15世紀初頭の鋼鉄弓クロスボウ。弓の前面に張られた紐は、万が一鋼鉄弓が割れた際に破片が飛び散るのを防止するための工夫。

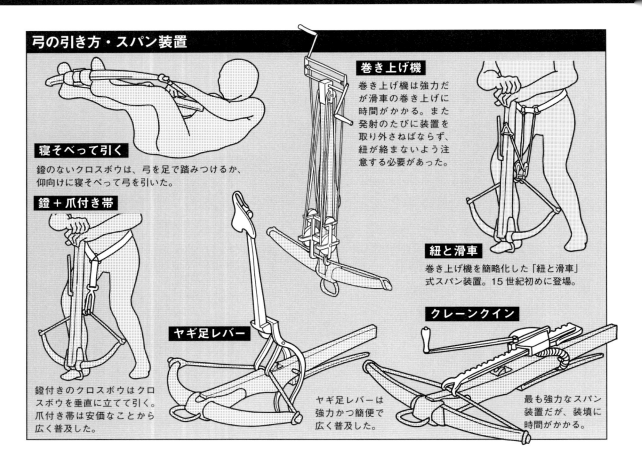

ウの標準装備になります。ほどなく腰に巻いて弦を引っ掛ける「爪付き帯」が登場し、安価だったため他のスパン装置の登場後も長く使われました。13世紀には滑車の仕組みを使った「巻き上げ機」が現れ、次いで14世紀前半に「ヤギ足レバー」(ガッフル)が登場して15世紀に広く使われました。14世紀の終わり頃には最も強力なスパン装置である「クレーンクイン」が登場しますが、巻き上げに時間がかかり、高価であったことから普及は限定的でした。

射程・威力

　鋼鉄弓のクロスボウなら矢を350m以上飛ばすこともできました。しかし木製弓、合成弓ならもっと射程は短かったはずです。また太くて重いクロスボウの矢は発射後すぐに威力が弱まるため、20〜60mが有効な射程だったでしょう。クロスボウの威力はやや誇張されすぎで、木製弓、複合弓のクロスボウはあくまで中程度の威力の武器でした。鋼鉄弓クロスボウは非常に強力でしたが、前述の理由から広く普及することはありませんでした。

長所・短所

　クロスボウの長所の一つには訓練が簡単だったことが挙げられます。照準はクロスボウを相手に向けるだけですみ、ロック機構とスパン装置のおかげで腕力は必要ありません。一方で装填に時間がかかり、クロスボウ自体やスパン装置には高い費用がかかりました。こうしたクロスボウの「取り扱いが簡単な反面、装填に時間がかかる」という特徴は初期の銃と重なっています。一方で銃は威力の面で優り、単純な鉄の筒だったため低コストで生産できました。そのため銃の普及に押され、16世紀初めにクロスボウは戦場から姿を消すのです。

銃

ヨーロッパで初めて大量の銃が一度に記録されたのは1364年のことで、イタリアのペルージャの街が500丁もの「ハンドゴン」を購入した記録が残っています。すでに1326年には原始的な大砲が記録されており、徐々に戦場で使われ始めていました。意外かもしれませんが、少なくともヨーロッパでは銃よりも先に大砲が登場していたのです。しかし初期の大砲はその重量のせいでしばしば行軍から遅れ、戦場での素早い方向転換や照準の変更もできませんでした。動かない城を撃つならともかく、野戦では扱いにくい武器だったのです。中世のヨーロッパ初期の鉄砲は、大砲を小型化し、より機動力のある兵器を生み出そうとした結果登場したと考えられています。

ハンドゴン

ハンドゴンとはヨーロッパ初期の鉄砲の一種ですが、まずは「リボートカン」について解説しなければなりません。リボートカンは2輪の荷車の上に複数の小型の砲を並べた大砲の一種で、続けざまに砲に点火すれば連続射撃も可能でした。しかしリボートカンは大砲の中では小型とはいえ、それでもなお重量と移動の遅さがネックとなります。そこでリボートカンの砲身を一つずつ分離し、個々の兵士に持たせました。この結果生まれたのがハンドゴンだったのです。最初期のハンドゴンは2種類あり、一つは木製銃床の上に銃身を乗せたタイプ、もう一つは銃身の後ろにソケットを設け、細長い柄を差し込んだタイプです。どちらのハンドゴンも

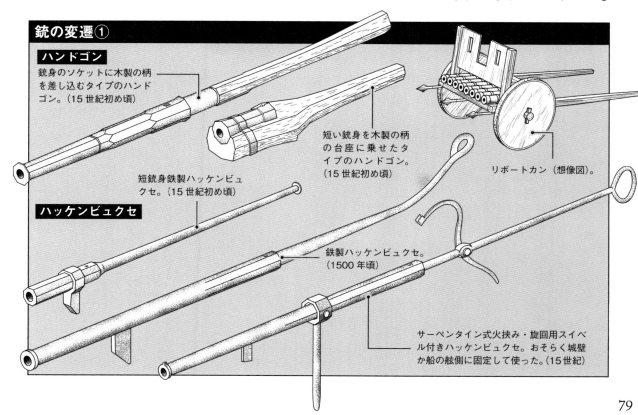

銃の変遷①

ハンドゴン
銃身のソケットに木製の柄を差し込むタイプのハンドゴン。(15世紀初め頃)

短い銃身を木製の柄の台座に乗せたタイプのハンドゴン。(15世紀初め頃)

リボートカン(想像図)。

短銃身鉄製ハッケンビュクセ。(15世紀初め頃)

ハッケンビュクセ

鉄製ハッケンビュクセ。(1500年頃)

サーペンタイン式火挟み・旋回用スイベル付きハッケンビュクセ。おそらく城壁か船の舷側に固定して使った。(15世紀)

銃の変遷②

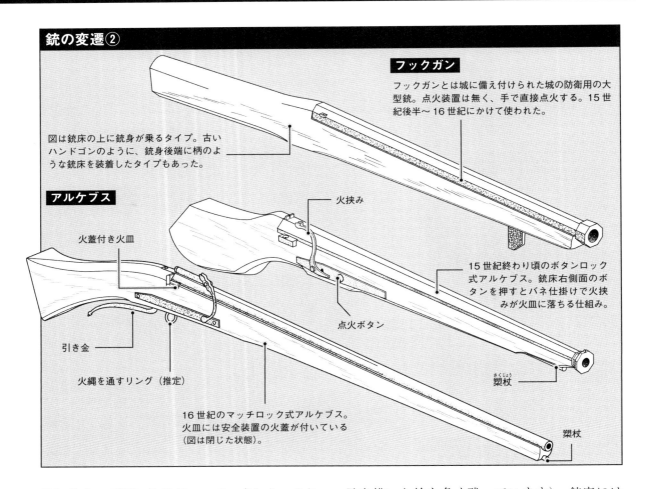

時に銃身の下側に鉤爪がついていました。これは城や陣地から撃つ際に、壁に銃を引っ掛けて衝撃を緩和するための装置です。やがて木製の銃床はなくなり、鉄製の持ち手と銃身が一体化したタイプが現れます。このタイプは固定用の鉤爪(フック)からとって特に「ハッケンビュクセ(独語)」などと呼ばれました。ハンドゴンは火縄を手で持って点火しましたが、ハッケンビュクセには火縄を保持するS字フックが付くタイプもありました。こうした仕掛けは「サーペンタイン」と呼ばれます。

アルケブス

15世紀半ばになると再び木製銃床が登場し、逆に固定用の鉤爪は消滅します。この新しい銃床は現在のライフル銃のように肩に当てて構えることも可能でした(一方で腰だめに構える様子を描いた絵も多く残っています)。銃床にはサーペンタイン式の火挟みがついていましたが、やがて「ボタンロック」、「マッチロック」と呼ばれる装置に置き換えられます。

「ボタンロック」は銃の横についたボタンを押すとバネが火挟みを落とす仕組みで、おそらく15世紀後半に登場しました。一方「マッチロック」には引き金があり、シアーを介して指の力が火挟みを動かす仕組みでした。マッチロック式は火薬が不発だった際にもう一度引き金を引くだけで再点火が可能という利点があり、ボタンロックを押し退けて銃の点火装置として長く使われました。面白いことにかつての「フック付き銃」(ハッケンビュクセ)という名前は「アルケブス」に発音が変わり、鉤爪(フック)が無いにも関わらずこの種の木製銃床に機械式点火装置を持つ火縄銃を指す言葉になりました。

装填

　ほぼ全ての中世の銃は、先込め式といって銃口から火薬と弾丸を込める方式でした。この形式の銃を装填する際は、銃を垂直に保ち、銃口から火薬と弾丸を入れて槊杖という棒で弾丸と火薬を押し込みます。次いで点火孔の火皿に点火用の火薬を盛り付けました。火薬を盛った後、火皿に蓋（火蓋）があれば閉じておき、火挟みを持つ銃の場合、火縄を火挟みに取り付けて発射準備が完了します。火皿の蓋は安全のため、発射寸前まで閉じたままにしておきました。

　この複雑な作業のせいで銃の装填には時間がかかりました。しかし15世紀の後半に1発分の火薬と弾丸を小分けにした弾薬筒が発明され、装填速度は大幅に短縮されました。それでもアルケブスの装填には40秒かかったという16世紀の記録があります。

照準

　初期の中世の銃の命中精度は劣悪でした。まず第一に当時の銃身は、内側が滑らかなただの円筒に過ぎません。銃身の内側にネジ穴状の溝を刻み、弾丸に回転を与えて命中精度を高める施条が現れるのは15世紀終盤から16世紀で、軍用として広く使われるのはさらに後でした（厳密には出現当時のライフリングは螺旋状のタイプと直線状のタイプがありました）。そのため、中世の弾丸は不規則に回転し、弾道が不安定でした。またハンドゴンの構え方も問題でした。初期のハンドゴンは脇に抱えるように構えたので、照準は体の感覚で行う以外ありません。点火の際には点火孔から大量の火花が出るので、照準しにくいという問題もありました。

　おそらく初期のハンドゴンで10～45mの距離から人間に命中させるのは、不可能ではなくとも相当な練習が必要だったでしょう。ただし中世の戦場では兵士が非常に密集して戦うので、そこまで高い精度は必要ありませんでした。

威力

　銃の威力を議論する際に忘れてならないのは、中世の終盤に大きな火薬の革新があったことです。それまでの黒色火薬は主成分を単純に混ぜ合わせただけのものでしたが、15世紀の初頭に、「粒化火薬」（P.84参照）が開発されます。この火薬は不発の確率が低く、かつ燃焼速度が早いので弾丸の威力も高まりました。単純混合火薬を使うか、粒化火薬を使うかで、銃の威力は大きく変わったのです。

　銃が板金甲冑を貫通できたかを確かめるため、今まで多くの再現実験が行われてきましたが、台に置いた鉄板を撃つ実験では動き回る敵兵を撃った時の状況を正確には再現できません。とはいえ複数の実験結果を見るに、少なくとも銃はクロスボウや弓矢よりはるかに貫通力が高く、特に粒化火薬を使えば板金甲冑を貫通することも可能だったといえるでしょう。またたとえ貫通しなかったとしても、弾丸が当たった衝撃は凄まじく、相手はほぼ間違いなくその場に打ち倒されたはずです。

長所と短所

　中世の銃は装填に時間がかかることや、劣悪な命中精度など多くの欠点を抱える武器でした。また火薬の取り扱いには注意が必要で、常に火縄を燃えた状態に保たねばならないなど不便な点も多々あります。発射の際の閃光と轟音が敵兵に与える心理的効果がしばしば強調されますが、火砲の出現当初はまだしも、時が経てば兵士たちは慣れてしまったことでしょう。銃の利点は第一に貫通力、そして「安さ」でした。当初の銃は単純な鉄の筒にすぎず、安価に製造できます。その点クロスボウは複雑なロック機構やスパン装置のせいでコストが高くつきました。おそらくこの点こそ、16世紀の初めにクロスボウが銃に取って代わった主な原因だったと考えられます。

第3章　中世の武器

大砲

ヨーロッパで初めて大砲が記録されたのは1326年のことで、当時の写本にごく初期の大砲の絵が描かれています。出現当初こそ効果的な武器ではありませんでしたが、14世紀後半以降普及が進み、15世紀の半ばには多くの勝利に貢献するようになりました。

大砲の発展

14世紀初めに出現した初期の大砲は、前後が膨らんだ壺のような形状をしており、「鉄の壺(ポット・デ・フェール)」などと呼ばれました。この種の砲は非常に小型で、砲弾の他にもクロスボウの矢に似た太矢(ボルト)を発射できたようです。使用期間はかなり長く、15世紀初めまで使われ続けました。

1338年には「後装砲」の記録が登場します。ここでいう後装砲とは、砲身後端の小部屋に弾と火薬を詰めた筒を嵌め込むことで素早く装填できるようにした砲です。便利な設計である反面、大型化できないという欠点がありました。

14世紀後半に入ると、「ボンバード」が出現します。この種の砲はやがて著しく大型化し、巨大な石弾を発射できることから城攻めで使用されました。またボンバードは国家の富や力を象徴する「名誉ある武器」でもあり、しばしば1門ずつ固有の名前が付けられています。

銅か鉄か

中世において大砲を作る方法は大きく分けて2種類ありました。熱した鉄片を叩いて樽(バレル)のように繋ぎ合わせて作るか(鍛造)、溶かした青

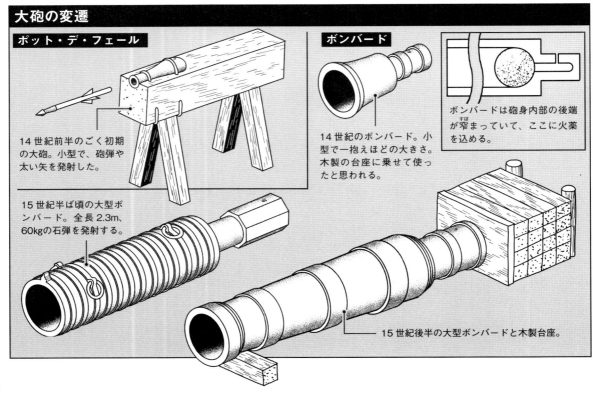

大砲の変遷

- ポット・デ・フェール：14世紀前半のごく初期の大砲。小型で、砲弾や太い矢を発射した。
- ボンバード：14世紀のボンバード。小型で一抱えほどの大きさ。木製の台座に乗せて使ったと思われる。
- ボンバードは砲身内部の後端が窄まっていて、ここに火薬を込める。
- 15世紀半ば頃の大型ボンバード。全長2.3m、60kgの石弾を発射する。
- 15世紀後半の大型ボンバードと木製台座。

銅を鋳型に流して作るか（鋳造）です。鉄製の砲と青銅製の砲はほとんど同時に出現したと思われますが、鍛造・鉄製の方が安価なので14～15世紀に大いに普及しました。一方で鋳造・青銅製は砲身が一体で安全性が高いという利点があります。そのため中世の間、青銅、鉄製両方の大砲が並行して作られました。

砲車

当初の大砲は、砲身を地面に設置した枕木に直接置いて発射しましたが、やがて移動に便利な2輪の砲車が普及します。15世紀中頃になると砲身を上下させる昇降装置を備えた砲車が現れました。15世紀後半には砲身の左右に突起（砲耳）が付くようになり、砲車への設置と昇降がより簡単になりました。この砲耳付き前装砲はその後の大砲の基本形になり、近世～近代を通じて長く使われました。

戦場の砲

大砲が城攻めで使われた最初期の例として、1375年のサン・ソヴール・ル・ヴィコント城包囲戦があげられます。そして15世紀中頃に入ると城や都市の包囲戦での使用がますます増えていきました。大砲は威力はもちろん心理効果も大きく、数発の砲撃で守備側が降伏することさえあったほどです。百年戦争後半ではフランス砲兵がイングランド側の城を次々と陥落させ、フランスの勝利に貢献しています。一方で都市が数ヶ月の砲撃に耐えたり、弾薬不足から殆ど砲撃が行われなかった例もあり、兵糧攻めや降伏交渉といった伝統的な戦法は残り続けました。

野戦においても大砲が威力を発揮するのは15世紀中頃のことです。特にフス戦争（1419～1436年、P.134参照）やカスティヨンの戦い（1453年、P.116参照）などは、野戦において大砲が大勝利をもたらした例として知られています。一方でボズワースの戦い（1485年、P.120参照）やブルゴーニュ戦争（1474～1477年）など、多数の大砲を保有していた側が敗北した例もあり、決して無敵の超兵器というわけではありませんでした。

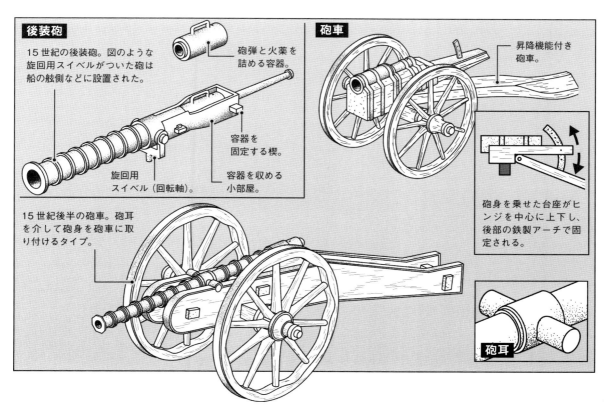

火薬

中世に使われた火薬は黒色火薬といい、8〜9世紀頃に中国で発明されました。ヨーロッパにはアラブ世界かビザンツ帝国を介して伝来し、1267年にヨーロッパで最古となる火薬の記録が記されています。

主成分

黒色火薬は、硝石、硫黄、木炭を一定の割合で混ぜて作られます。比率は硝石75％、硫黄12％、木炭13％が理想的で、地域や時代によって異なりますが、おおよそこの範囲に収まっていました。問題はヨーロッパでは天然の硝石が産出されず、主にベンガルからの輸入に頼ったことです。そのため火薬は大変高価で、銃や大砲の普及の大きな障害になりました。その解決策として硝石を人工的に作る方法が模索され、14世紀後半にその手法が確立されます。

この方法ではまずレンガ敷の建物の中で堆肥、糞尿、生石灰、牡蠣の殻などを寝かせ、時折尿を加えては耕します。こうすることでバクテリアがアンモニアを分解し、硝石が得られます。そのためワインを飲む人間の（つまりアンモニア濃度の高い）尿がよいとされました。ただ当時の化学知識の水準を考えれば、火薬職人たちでさえなぜこの方法で硝石が生まれるのかはわかっていなかったでしょう。

ともかくこうした手法のおかげで火薬の価格は下落し、火器の普及を後押ししました。

粒化

硝石は非常に吸湿性が高く、初期の黒色火薬はすぐに水分を吸って使用できなくなる欠点がありました。しかし15世紀初頭に革新が起こります。火薬を湿らせて団子状にし、乾燥させたものを砕いて再び粉末にする「粒化」の手法が発明されたのです。この手法により溶けた硝石が木炭に染み込み、火薬が粒状になります。粒状の火薬は体積に対して表面積が小さいので、粉末状火薬より湿気に強くなりました。そして銃身に込めた際に粒の間に隙間ができるので、火薬はより確実に点火されました。またこの種の火薬は粉末状火薬より強力で、やがて鉄砲用の火薬はこの粒化火薬に置き換わりました。一方大量の火薬を使う大砲にはこの火薬は強力すぎるので、引き続き単純に混ぜた火薬が使われました。

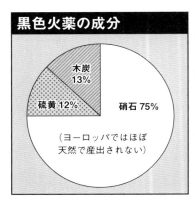

黒色火薬の成分
木炭 13%
硫黄 12%
硝石 75%
（ヨーロッパではほぼ天然で産出されない）

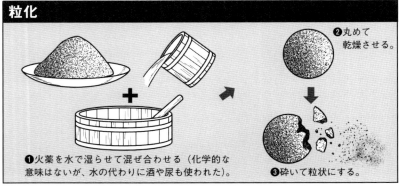

粒化
❶火薬を水で湿らせて混ぜ合わせる（化学的な意味はないが、水の代わりに酒や尿も使われた）。
❷丸めて乾燥させる。
❸砕いて粒状にする。

第4章
中世の戦術

後期ローマの戦術

「3世紀の危機」以降のローマ軍は、元首政時代のローマ軍とは大きく異なる組織でした。各兵士が持つ武具・装備は刷新され、兵士の外見だけなら元首政ローマと後期ローマの軍はほとんど別の軍隊にさえ見えます。

「3世紀の危機」の影響は戦術面にもおよび、後期ローマの兵士たちは元首政時代の先達とは一味違った戦法を駆使しました。

野戦への姿勢

元首政時代の最盛期とは違い、後期ローマ軍は大規模な野戦は避けました。というのもこの時代に新兵募集が難しくなり、一度損害を被るとなかなかその穴埋めができなくなったからです。また敗北によってローマの威光に傷が付くと、ゲルマン人の反抗心に火を着けてしまうのも大きな理由の一つでした。そしてそもそもゲ

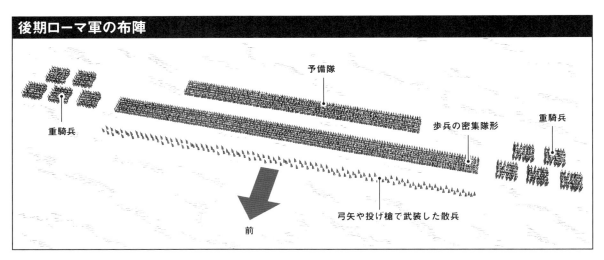

後期ローマ軍の布陣

重騎兵／予備隊／歩兵の密集隊形／重騎兵／弓矢や投げ槍で武装した散兵／前

ルマン人の戦争目的は戦利品目当ての略奪なので、軽々しくローマ軍との野戦に及ぼうとはしませんでした。こうした理由から後期ローマ軍兵士は大規模な野戦だけでなく、小規模な小競り合いでも戦えるように訓練されました。

「3世紀の危機」以降のローマ軍が最盛期を過ぎていたのは事実です。それでも彼らは当時の地中海世界で最もよく装備され、訓練された軍隊でした。大抵の場合、後期ローマ軍は野戦において辺境の異民族に勝利を収めてきましたし、しばしばゲルマン人居住地に対し懲罰的遠征を行い、苛烈な報復を行っています。

基本布陣

ローマ軍の基本的な戦闘隊形では、密集した歩兵の横列が中央に陣取り、その背後には予備隊が控えます。左右には重装備の騎兵が配置され、正面には軽装備の歩兵・騎兵がまばらに並び、投げ槍や弓矢での遠距離戦を担当しました。

歩兵戦術

後期ローマ軍の歩兵は多くの場合、防御的に戦いました。歩兵は縦に4列、8列、16列のいずれかに整列され、兵1人が正面幅1m、奥行き2mを占めます。最初の数列の兵士は投げ

槍や投げ矢を投げた後に白兵戦を行い、後列の兵士は前列の頭越しに投げ槍や弓矢を放ちました。最後尾の兵士は隊列を監督し、逃亡を防ぐ役割を担います。

歩兵が攻撃に出る際は、ゲルマン人の「イノシシの鼻」（P.89参照）を模倣した「楔隊形（クネウス）」を組みました。この隊形は兵士が密集した四角形の隊形で、敵部隊に突進して突き破ることを目的としています。逆にもっと防御的な隊形としては「フルクム」がありました。これは前列の兵士が盾を重ね合わせ、後列の兵士は盾を頭上に掲げて隊列全体を防御する隊形です。これは弓矢などの投射武器の攻撃から身を守るのに有効で、ゲルマン人も同様の「盾の壁」をしばしば使っています（P.90参照）。

ローマ軍はゲルマン人と戦い、またゲルマン人を兵士として取り入れたので、戦術・文化の両面で影響を与え合いました。ローマがゲルマン人から取り入れた戦いの文化としては、戦闘時にあげる雄叫びである「バリトゥス」が挙げられます（P.90参照）。しかし元首政時代の軍団兵は鉄の規律を誇り、沈黙しながら戦うことができたので、バリトゥスの採用はローマ兵の

歩兵隊形
- 後ろ数列の兵士は前の兵士の頭越しに投げ槍、弓を発射する。
- 兵士は縦に4～16列に並ぶ。
- 前数列の兵士は投げ槍と投げ矢を投げて白兵戦を行う。

レベルの低下と見ることもできるでしょう。

騎兵戦術

ローマ軍はローマ建国当時から歩兵主体の軍隊であり、騎兵の任務は偵察や逃げた敵の追撃などだったと考えられています。しかし「3世紀の危機」を境に騎兵の役割は増え、5～6世紀に軍主力の座は騎兵へと移り変わりました。

ローマ軍には馬術の得意な異民族を取り入れて騎兵隊とする伝統がありました。「3世紀の危機」以降ゲルマン人がローマ軍に加わると、ゲルマン人の衝撃騎馬戦術がローマ軍に取り入れられます（P.91参照）。

一方ローマ騎兵は弓矢を使った遠距離戦も可能でした。この場合は素早く方向転換しやすいように兵士は三角形か菱形に並び、敵に接近しては矢を放ち、一旦距離をとって再び接近を繰り返すのです。この弓矢の攻撃で敵の隊形が乱れれば接近戦を挑みました。

こうした鋭い楔形隊形は、一見密集した敵部隊を刃物のように切り裂く隊形に見えますが、あくまで狙いは指揮と方向転換のしやすさです。刃物とは違い、隊形は人間の集合体に過ぎないので、力を鋭い先端の一点に集中させることはできないのです。これは後期ローマだけでなく、全時代に通じる原則でした。

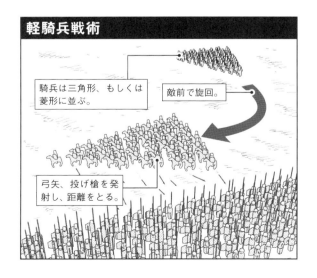

軽騎兵戦術
- 騎兵は三角形、もしくは菱形に並ぶ。
- 敵前で旋回。
- 弓矢、投げ槍を発射し、距離をとる。

ストラスブールの戦い

西ローマ帝国（勝）VSアレマンニ族（敗）
357年

クノドマル王に率いられたゲルマン人の一派であるアレマンニ族は、ライン川流域に侵入して付近一帯を略奪しました。これに対し西ローマ副帝ユリアヌスは軍を率いて鎮圧にあたり、両軍はアルゲントラトゥム（現在のフランスのストラスブール）で激突します。ローマ軍の兵力は13,000人、対するアレマンニ軍は35,000人ほどでした。この戦いではアレマンニ族がゲルマン的攻撃精神を発揮する一方、ローマ軍は訓練で培った粘り強さを見せます。

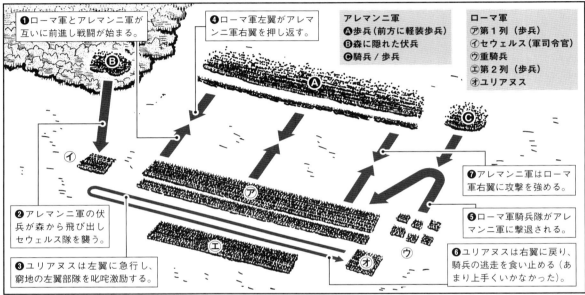

戦闘開始時のアレマンニ軍右翼の待ち伏せ攻撃は不発に終わりますが、左翼の騎兵はローマ軍右翼の騎兵を撃退し、中央の歩兵はローマ軍第1列の突破に成功します。しかしローマ軍第2列の前に攻撃は行き止まり、包囲されかけていると見るやアレマンニ軍は総退却に転じました。

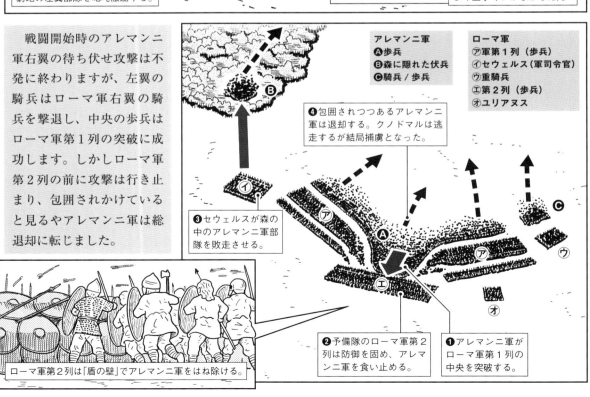

ゲルマン人の戦術

　ゲルマン人の軍隊は、軍隊というよりも「戦士の集団」でした。名誉と武勇を重んじる彼らは勇敢ではあったものの、組織だった訓練や厳格な規律とは無縁だったのです。とはいえゲルマン人が戦争のたびにその場の勢いで戦ったわけではなく、ある程度パターン化された戦術がありました。また後期ローマ帝国で多くのゲルマン人が軍人として勤務していたので、彼らの戦術にも後期ローマからの影響がうかがえます。

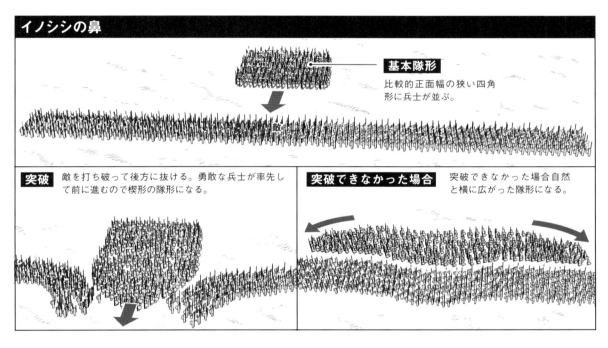

イノシシの鼻

　ゲルマン人は防御より攻撃に出ることを好みました。彼らがよく用いたのが「イノシシの鼻」と呼ばれる隊形です。タキトゥス（55〜120年頃）の記述によれば、「イノシシの鼻」は四角形の隊形だったとされており、おそらく正面幅に対して縦深にもそれなりの厚みがある隊形だったと考えられます。最前線には経験豊富な年長者が集まり、後ろに経験の浅い若年者が並んだのでしょう。「イノシシの鼻」が突撃に移ると、最前列中央の特に勇敢な戦士が真っ先に前進し、他の兵士が後から続くので、楔のような形になったと思われます。突撃の際「イノシシの鼻」は敵の隊列に突入して裏側に突き抜けることを目指しました。もし、イノシシの鼻が敵の突破に失敗した場合、後列の戦士が横に広がり、横長の前線が形作られたはずです。

　こうなると指揮官の命令の号令で横列全体が前進・後退することは不可能なので、ある地点では相手を押し、別の地点では相手に押されて横列全体が波のようにうねりながら戦うこととなりました。

雄叫び

　ゲルマン人はいざ攻撃に出るとなると大きな雄叫びをあげ、攻撃精神を奮い立たせて突進しました。当時のローマ側の記録には、攻撃に出たゲルマン人がいかに熱狂的で恐ろしかったかが度々言及されています。ゲルマン人のあげる叫び声は「バリトゥス」と呼ばれ、後にローマ軍も模倣して自軍に取り入れました。この叫び声は低い音から始まって大きな唸り声へと変化し、叫ぶ際は口を盾の裏に近づけて声を反響させたといいます。

　また盾と武器を打ち合わせて大きな音を出す行為もゲルマン軍、後期ローマ軍の双方が行いました。こうした騒音は勇気を奮い立たせ、恐怖を紛らわす効果がありましたが、号令が聞こえなくなり統制が失われるなどのデメリットもありました。

飛び道具

　剣、斧、槍といった接近戦用の武器の他に、ゲルマン人は投げ槍、投げ斧などの「飛び道具」も好みました。ゲルマン人の投げ槍は「アンゴン」と呼ばれ、木製の軸の先に非常に長い鉄の穂先が付いていました。この長い軸は敵兵の盾や鎧を貫通して相手の体を傷付けることを目的

波打つ隊形

横列の一部が前進し、一部が後退することで隊形全体が波打ちながらの戦闘になる。

にしており、ローマの投げ槍「ピルム」の影響を受けたと考えられます。またゲルマン人のうちフランク族は「フランキスカ」という小型の投げ斧を好んで使いました。

盾の壁

　基本的にゲルマン人は戦場で攻撃に出ることを好みましたが、自分達よりもはるかに優勢な敵に出くわした時、防御に回ってその場に踏みとどまることもありました。この時とられた隊形が「盾の壁」です。この盾の壁隊形では、自分の盾と隣の戦士の盾を少しずつ重ね合わせて盾のバリケードが作られます。盾の壁は戦士が横一列に並ぶ場合、横縦に数列の深さがある場合、盾を四方に向けて四角形の隊形（方陣）を作る場合がありました。

飛び道具の使用

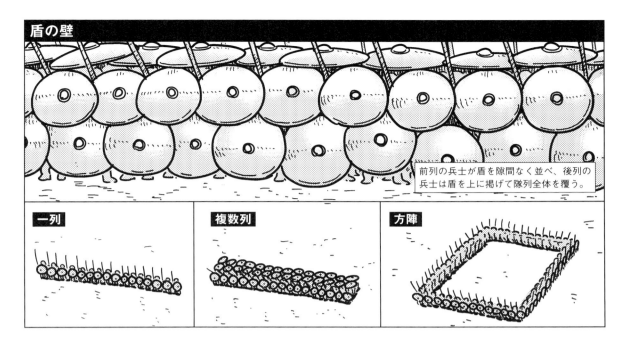

騎馬隊の隊形

どちらかといえばゲルマン人は徒歩で戦いました。戦場まで馬に乗って移動することはあっても、多くの場合戦う時は馬から降りています。しかし馬に乗ったまま戦うことがまったくなかったわけではなく、状況次第で馬に乗ることもありました。例えば戦闘の末に敵が逃げ出した場合、すかさず馬に乗って追撃することはよくあったはずです。またアドリアノープルの戦い（378年）では、ゴート族がローマ軍に対して騎兵突撃を行っています。

馬に乗って戦う場合、基本的な隊形は徒歩の場合と変わらなかったと思われますが、隊形は比較的横長になったはずです。というのも、徒歩では兵士が前にいる兵士を腕や盾で押して前進する圧力を増すことができますが、馬に乗ったままではそうはいかないからです。ゲルマン人騎兵の用いた攻撃方法は、盾と槍で武装した騎兵が横長の隊形を組み、敵へと突撃する衝撃戦術でした。これは後に騎士の戦術へと昇華することになります。

荷馬車要塞

ゲルマン人が防御的に戦う場合、荷車を並べて即席の要塞を作る、という戦術も用いられました。

この戦術はゲルマン人の独創というわけではなく、アジアの遊牧民が用いた戦術を模倣したと思われます。以後、荷馬車要塞は中世を通じて様々な地方で広く用いられました。

騎兵戦術の確立

　ノルマン人は、フランス北部に入植した北欧人たちで、10世紀の初め頃にフランス王に臣従してノルマンディー地方を治めるようになりました。フランスでの定住後にカロリング朝の封建制度を取り込んだ彼らは、1066年にイングランドを征服して現在まで続くイングランド王国の基礎を築きます。そのためノルマン朝イングランドの国土はイングランドとフランス北部にまたがることとなり、彼らが戦場で用いた戦術は英仏両国に大きな影響を与えました。彼らは槍を構えた騎兵が集団で突撃する「衝撃戦術」をヨーロッパで初めて確立し、それはやがてヨーロッパの多くの国々における騎士の標準戦法になるのです。

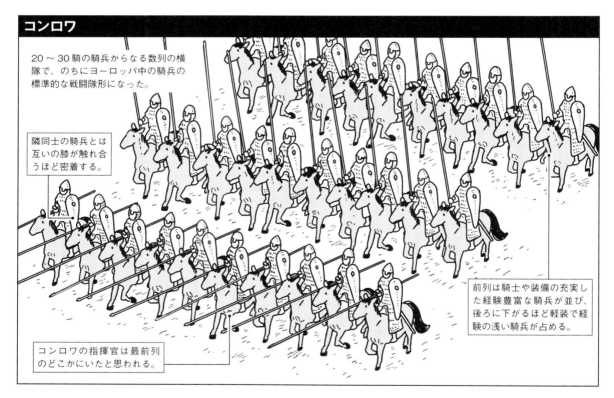

コンロワ
20～30騎の騎兵からなる数列の横隊で、のちにヨーロッパ中の騎兵の標準的な戦闘隊形になった。

隣同士の騎兵とは互いの膝が触れ合うほど密着する。

コンロワの指揮官は最前列のどこかにいたと思われる。

前列は騎士や装備の充実した経験豊富な騎兵が並び、後ろに下がるほど軽装で経験の浅い騎兵が占める。

コンロワ

　ノルマン人が、そしてそれに続くヨーロッパの騎兵たちが突撃の際にとった隊形が「コンロワ」でした。およそ20～30人（もっと多い場合もあったようです）の騎兵が2～3列の横隊に並び、隣の騎兵と足が触れ合うほど密集したまま槍を構えて突撃するのです。さらにコンロワの隣には別のコンロワがいくつも配置されていました。かつてのヨーロッパの騎兵は、槍を逆手で持って頭上に構える、両手で構えるなど様々な持ち方をしたと考えられますが、11世紀後半から槍を脇下に抱えて持つ構え方が普及しました。そして12世紀半ばには他の持ち方を駆逐し、ほぼ支配的になります。

突入と反転

　コンロワによる騎兵突撃の目的は、さながら砲弾が壁を撃ち抜くように敵の隊形を貫くことです。また、一度敵の隊形を貫いて後ろ側に出た後に180度ターンして敵の背後を突くことが理想的とされていました。そして敵の隊形に穴が空いた後にすかさずその混乱に乗じるため、予備の騎兵隊を取っておくことも重要でした。

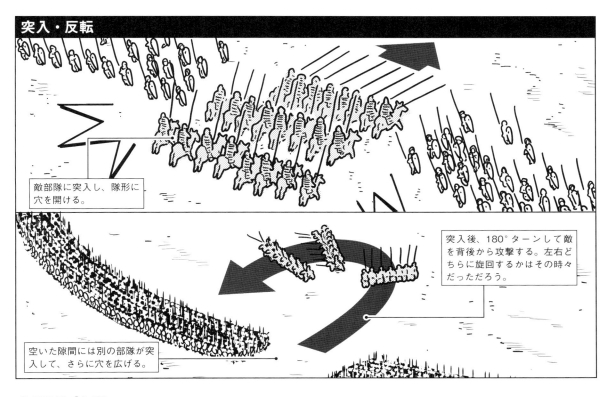

心理的効果

　馬にまたがった完全武装の騎兵が集団で突撃するコンロワ戦術は、物理的な威力もさることながら、心理的な効果も絶大でした。前述したように、当時の歩兵の大部分は士気と規律が低い民兵で占められていたので、いざ騎兵隊が突進してくると恐怖を覚え、戦わずに逃走してしまうことがよくあったのです。コンロワの効果はむしろこうした心理的効果の方が重要だったとさえ言われています。また騎兵突撃の様子は実に勇壮で、味方の士気を高めて勇気を鼓舞する効果もありました。

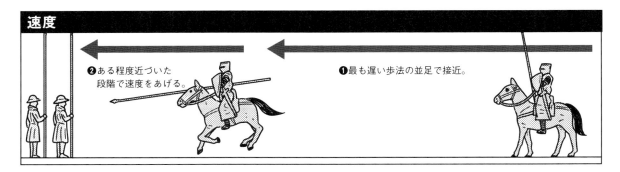

突撃速度

　騎兵隊が敵部隊へ突撃する際、まず騎兵はゆっくりと馬を進ませ、慎重に敵へ近づきました。この時槍は垂直に保持されていたはずです。そして一定の距離まで近付くと指揮官が号令（大声、ラッパ、旗の合図）を発し、騎兵は馬を疾駆させました。この時馬の歩法は早めのトロット、あるいはギャロップだったはずです。ただし速度を出しすぎて隊形が乱れるのを避けるため、場合によって速度は抑制されました。

VS 精鋭歩兵

　騎兵突撃は敵兵に凄まじい恐怖を与え、士気の低い歩兵は逃げ出してしまうと述べましたが、逆に士気が高く規律のある歩兵が、突撃する騎兵とぶつかった時はどうなるのでしょう。前述（P.65 参照）のように馬は臆病な生き物であり、騎手がどんなに促しても障害物に自分からぶつかることはありません。歩兵が密集隊形を組み、騎兵を前にしても勇気と規律を失わなければ、騎兵突撃を跳ね返すことは十分可能でした。実際、14世紀以前の騎兵全盛期においてさえ、歩兵隊が踏みとどまって騎兵突撃を撃退した例は数多く見受けられます。

馬上槍

　ノルマン人による騎兵改革以降、ヨーロッパの騎兵は槍を右手で抱え込むように持ち、馬の勢いを乗せて標的を突くようになります。馬上槍試合（トーナメント）では槍を馬の左側に出し、すれ違い様に相手を突きますが、当時の絵画を見る限り槍を馬の首の右側に出す構えも実戦ではよく取られたようです。こうして繰り出される槍の威力は凄まじく、時に鎧ごと相手を貫くことさえ可能でした。しかし馬上槍には衝突の際に大きな力がかかり、通常は最初の一撃か数回の使用で折れてしまいました。そのため騎兵は剣やメイスなどの副武装を持つ必要があったのです。

反復攻撃

　たとえ騎兵が敵の隊列を突破したとしても、数が少なければすぐ敵に取り囲まれてしまいます。民兵歩兵は数が多く、相手が少数なら囲んで馬から引きずり下ろすことが可能です。そのため騎兵は敵の中に深く侵入することは避け、一度後退して再び突撃に出るよう心がけました。クレシーの戦い（1346年、P.112参照）では、フランス騎兵は頑強なイングランド歩兵の前に十数回の突撃を繰り返したといいます。

メレー

　突撃の後、一方が逃げ出した場合は別ですが、騎兵の突撃は最終的に乱戦に発展します。メレーとは敵味方が入り乱れ、隊形もへったくれもない混沌とした白兵戦です。ここではひたすらに鎧の防御力と日頃鍛えた己の腕前が頼りでした。中世の騎士が愛した馬上槍試合（トーナメント）は、現在では一騎打ち形式の槍の突き合いというイメージがありますが、本来はこのメレーの訓練を起源に持っています。

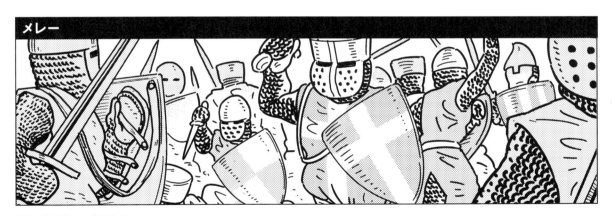

騎兵隊の編制

　ノルマン人による騎兵戦術の確立以来、騎兵隊は十進法を基本に編成されたといいます。騎兵が10人で1個の小部隊をつくり、それが10個集まって100人の部隊を、さらにそれが10個集まって1000人の部隊を作るのです。ただし、この原則が実際の戦場で厳密に守られたとは思えません。中世において、現代のような「小隊、中隊」といった厳密な編制は存在せず、騎士を含む騎兵隊はその場限りの応急的な編制をとったはずです。おそらくこうした十進法編制はある種の理想像だったのでしょう。イングランドでは13世紀末頃から騎兵部隊の編制はかなり不揃いになったようです。おそらくスコットランドでの戦訓から、騎士ももっぱら下馬して戦うようになったためでしょう。

ヘイスティングズの戦い

ノルマン（勝）VSイングランド（敗）
1066年10月14日

1066年にエドワード懺悔王（在位1042〜1066年）が死ぬと、イングランド王位はハロルド2世へと渡りました。しかし彼の即位に異を唱えるノルウェー王ハーラル3世と、フランスのノルマンディー公ギヨームがほぼ同時にイングランドに上陸する事態となります。ハロルド2世はハーラル3世をスタンフォードブリッジの戦い（1066年9月25日）で敗死させ、つづいてギヨームとヘイスティングズでぶつかりました。イングランド軍の兵力は8,000人、ノルマン軍の兵力は7,500人ほどと推定されています。

この戦いは、イングランド軍が駆使するゲルマン人伝統の「盾の壁」戦術と、ノルマン人の弓兵・騎馬戦術の衝突となりました。

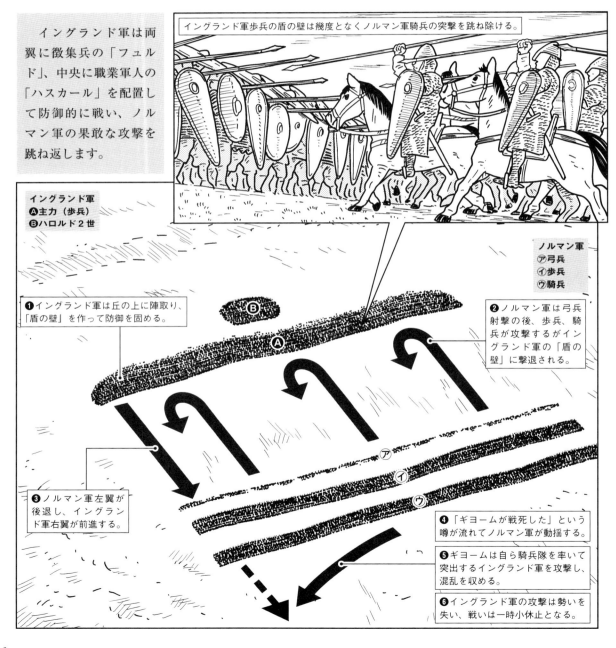

イングランド軍は両翼に徴集兵の「フュルド」、中央に職業軍人の「ハスカール」を配置して防御的に戦い、ノルマン軍の果敢な攻撃を跳ね返します。

イングランド軍歩兵の盾の壁は幾度となくノルマン軍騎兵の突撃を跳ね除ける。

イングランド軍
Ⓐ主力（歩兵）
Ⓑハロルド2世

ノルマン軍
㋐弓兵
㋑歩兵
㋒騎兵

❶イングランド軍は丘の上に陣取り、「盾の壁」を作って防御を固める。

❷ノルマン軍は弓兵射撃の後、歩兵、騎兵が攻撃するがイングランド軍の「盾の壁」に撃退される。

❸ノルマン軍左翼が後退し、イングランド軍右翼が前進する。

❹「ギヨームが戦死した」という噂が流れてノルマン軍が動揺する。

❺ギヨームは自ら騎兵隊を率いて突出するイングランド軍を攻撃し、混乱を収める。

❻イングランド軍の攻撃は勢いを失い、戦いは一時小休止となる。

戦いが一時小休止になった後、ノルマン軍は「偽装退却」戦術を使いました。騎兵の一部が"見せかけの退却"を行い、敵をおびき出した後で反撃に転じるのです。ノルマン軍が戦線のどの地点でこの戦術を使ったかは不明ですが、少なくとも2度に渡って行われたと思われます。これによりイングランド軍は大損害を被り、数の上での不利な立場に置かれました。

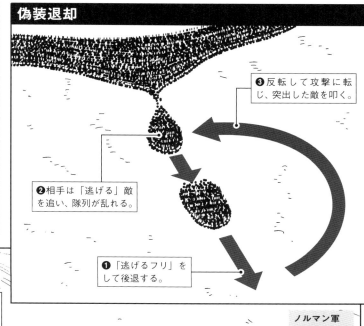

偽装退却
- ❶「逃げるフリ」をして後退する。
- ❷相手は「逃げる」敵を追い、隊列が乱れる。
- ❸反転して攻撃に転じ、突出した敵を叩く。

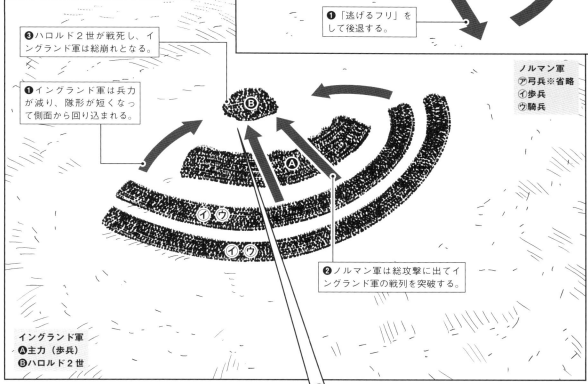

- ❶イングランド軍は兵力が減り、隊形が短くなって側面から回り込まれる。
- ❷ノルマン軍は総攻撃に出てイングランド軍の戦列を突破する。
- ❸ハロルド2世が戦死し、イングランド軍は総崩れとなる。

ノルマン軍
- ㋐弓兵※省略
- ㋑歩兵
- ㋒騎兵

イングランド軍
- Ⓐ主力（歩兵）
- Ⓑハロルド2世

再び攻撃に出たノルマン軍はイングランド軍の隊列を各所で破り、ハロルド2世の本陣まで迫ります。そして乱戦の最中、ハロルド2世は戦死しました。

戦いはノルマン軍の決定的勝利に終わり、ギヨームはイングランド王ウィリアム1世（征服王、在位1066〜1087年）として即位し、現在まで続くイギリス王室の基礎を築きます。

一説にはハロルド2世は目に矢を受け、そこを騎兵に斬り付けられて戦死したという。

第4章　中世の戦術

下馬戦闘

騎兵による突撃戦術の基礎を築いたノルマン人ですが、場合によっては馬から降りて戦いました。下馬戦が選ばれる局面は敵の方が数が多い時で、そのような場合は馬から降り、その場に踏みとどまって防御的に戦ったのです。

ブレミュールの戦い
イングランド（勝）VSフランス（敗）
1119年6月21日

ブレミュールの戦いは、イングランド王ヘンリー1世とフランス王ルイ6世によって行われました。この戦いはかなり小規模な戦いで、双方とも総兵力は数百人規模だったと思われます。一方で参加した兵士は皆騎士か、少なくとも騎馬のメン・アット・アームズでした。この戦いでは、ランスを構えて突撃を繰り返すフランス軍騎兵に対して、イングランド軍主力のメン・アット・アームズたちは下馬して防御的に戦うことを選びます。

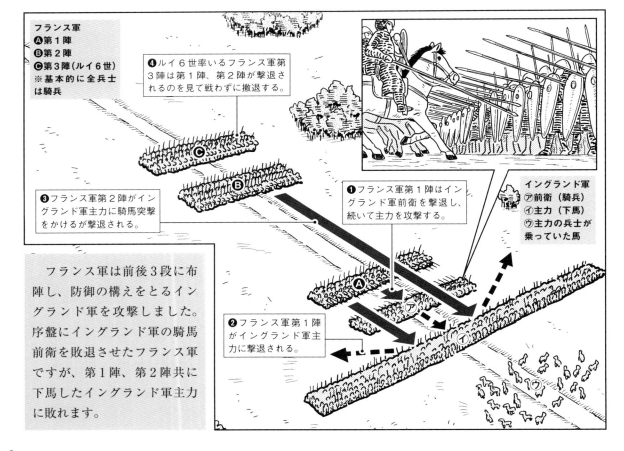

フランス軍は前後3段に布陣し、防御の構えをとるイングランド軍を攻撃しました。序盤にイングランド軍の騎馬前衛を敗退させたフランス軍ですが、第1陣、第2陣共に下馬したイングランド軍主力に敗れます。

フランス軍
Ⓐ 第1陣
Ⓑ 第2陣
Ⓒ 第3陣（ルイ6世）
※基本的に全兵士は騎兵

❶ フランス軍第1陣はイングランド軍前衛を撃退し、続いて主力を攻撃する。
❷ フランス軍第1陣がイングランド軍主力に撃退される。
❸ フランス軍第2陣がイングランド軍主力に騎馬突撃をかけるが撃退される。
❹ ルイ6世率いるフランス軍第3陣は第1陣、第2陣が撃退されるのを見て戦わずに撤退する。

イングランド軍
㋐ 前衛（騎兵）
㋑ 主力（下馬）
㋒ 主力の兵士が乗っていた馬

十字軍の戦術

　十字軍という組織は、当時の封建制ヨーロッパの軍隊がそのままイスラム世界まで出てきた軍隊であり、ヨーロッパ本土の軍隊と特別な違いがあったわけではありません。そのため彼らが駆使した戦術も、基本的にはヨーロッパで使われた戦術と同一でした。しかしヨーロッパでの戦争のほとんどが、同じキリスト教文化圏に属する軍隊同士の戦いだったのに対し、十字軍はイスラム教という全く違う文化圏の相手と戦うこととなります。そのため度重なる遠征において、十字軍はイスラム勢力に対抗する特殊な戦術を身に付けていきました。

イスラム軍の戦術

　十字軍と戦ったイスラム世界は様々な国家、王朝が複雑に入り乱れており、「イスラム軍」という単一の軍隊があったわけではありません。しかし大雑把に言って、イスラムの軍隊は当時のヨーロッパの軍隊と比べて軽装で、速度を重視した戦術を用いました（ヨーロッパの軍隊が飛び抜けて重装備だったとも言えます）。特にイスラム世界では、疾走する馬の上から弓を射る騎射の伝統が根強く、同様の文化を持たず、機動力に劣るヨーロッパの軍隊を苦しめています。そのため十字軍は「ターコポール」というキリスト教に改宗した現地人（十字軍兵士と現地人女性の子供だったとも）の弓騎兵を組み入れ、自らも騎射の能力を獲得しました。

方陣

　十字軍が度々使った戦術は、騎兵を取り囲むように大量の歩兵を配置して、四角形の「方陣」を組む戦い方でした。歩兵は槍衾（やりぶすま）と弓・クロスボウの射撃でイスラム騎兵の接近を防ぎ、味方の騎兵を守るのです。そして騎兵はここぞという時に方陣から出て密集突撃を行い、再び方陣の中へと帰還します。基本的にイスラム側の方が動きが速く柔軟に戦えるため、十字軍兵士は結束を保ち、抜け駆けや深追いなどを慎むことが求められました。

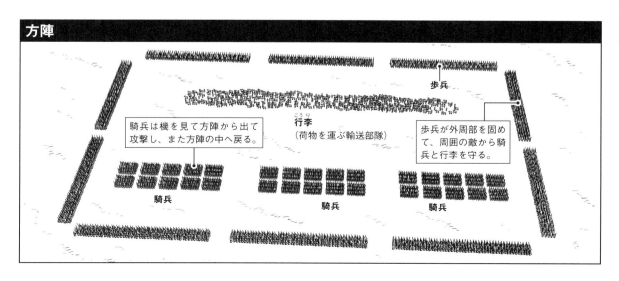

方陣

歩兵

行李
（荷物を運ぶ輸送部隊）

騎兵は機を見て方陣から出て攻撃し、また方陣の中へ戻る。

歩兵が外周部を固めて、周囲の敵から騎兵と行李を守る。

騎兵　騎兵　騎兵

アルスフの戦い
十字軍（勝）VSイスラム軍（敗）
1191年9月7日

1187年にはじまった第3回十字軍遠征において、十字軍はイスラム側の都市であるアッコを攻め落とします。遠征の最終目的をエルサレム奪還に据える十字軍は、海岸線を確保すべくアッコから南下して港湾都市のヤッファを目指しました。この移動する十字軍の大部隊に対し、イスラム軍が攻撃を試み、両者はアルスフ（現在のイスラエル西岸）でぶつかります。イングランド王リチャード1世（獅子心王）率いる十字軍の兵力は騎兵2,000人に歩兵10,000人、対するアイユーブ朝スルタンのサラーフッディーン（通称サラディン）が率いるイスラム軍は総勢30,000人に及び、おそらく騎兵2に対し歩兵1の割合だったと思われます。

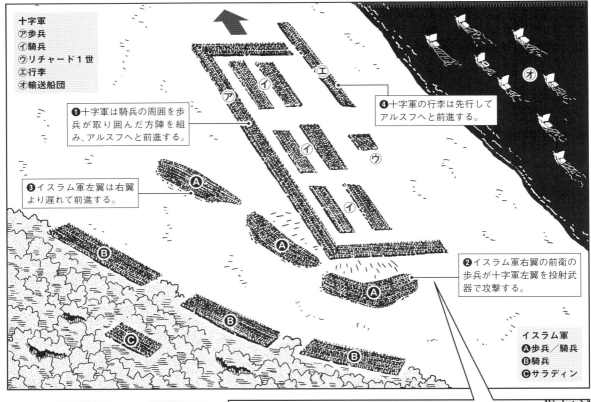

十字軍
- ㋐歩兵
- ㋑騎兵
- ㋒リチャード1世
- ㋓行李
- ㋔輸送船団

❶十字軍は騎兵の周囲を歩兵が取り囲んだ方陣を組み、アルスフへと前進する。

❹十字軍の行李は先行してアルスフへと前進する。

❸イスラム軍左翼は右翼より遅れて前進する。

❷イスラム軍右翼の前衛の歩兵が十字軍左翼を投射武器で攻撃する。

イスラム軍
- Ⓐ歩兵／騎兵
- Ⓑ騎兵
- Ⓒサラディン

十字軍は海岸を背にしつつ中央に騎兵を配置し、周囲を歩兵が固めました。そしてその陣形のまま、ゆっくりとアルスフの街まで海岸沿いを移動します。イスラム軍は十字軍の「左翼」（進行方向を前方とすれば「後衛」）を攻撃し、前衛部隊が大量の矢や投げ槍を放ちます。この攻撃に十字軍左翼は徐々に押され出しました。

イスラム軍は弓矢や投げ槍で十字軍の方陣を攻撃し、無防備な十字軍騎兵の馬が大きな損害を受けた。

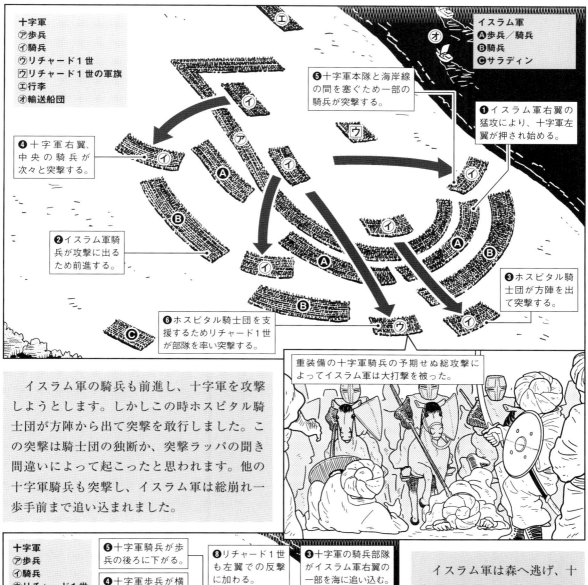

イスラム軍の騎兵も前進し、十字軍を攻撃しようとします。しかしこの時ホスピタル騎士団が方陣から出て突撃を敢行しました。この突撃は騎士団の独断か、突撃ラッパの聞き間違いによって起こったと思われます。他の十字軍騎兵も突撃し、イスラム軍は総崩れ一歩手前まで追い込まれました。

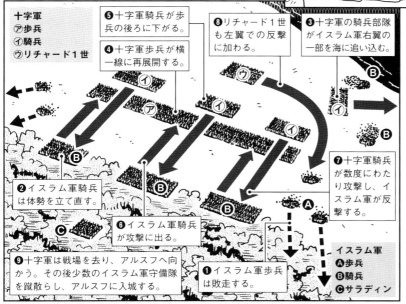

イスラム軍は森へ逃げ、十字軍は深追いを避けて陣形を整えます。十字軍歩兵が再展開し、十字軍騎兵は一度歩兵の後ろへ下がります。イスラム軍騎兵は体勢を立て直し、後退する十字軍騎兵を攻撃しました。十字軍騎兵は反撃し、十字軍とイスラム軍の間で攻撃の応酬が交わされますが、やがて十字軍は移動しアルスフへ入りました。

第4章 中世の戦術

中世戦術の原則

中世に限らずあらゆる時代の戦闘はその時1回限りの現象で、すべての野戦はそれぞれ異なっています。それでもなお多くの中世の合戦を分析すると、ある種のセオリーがあったことがわかります。ここではその原則をいくつかご紹介しましょう。

攻撃方法

大規模な軍勢がぶつかり合う野戦において、敵の軍隊を打ち負かす方法は大きく分けて2種類あります。弓矢、クロスボウ、火砲などの投射兵器を大量に発射し、敵に耐え難いまでの損害を与えるか、刀剣などの白兵武器で武装した部隊を突撃させ、敵の陣形を崩壊させて撃退するかです。ただどちらか一つだけの方法が選択されるという

ことはなく、実際にはこの二つを巧妙に組み合わせることが勝利の鍵となりました。

攻撃か防御か

二つの軍隊が戦場で対峙すると、大抵の場合どちらか一方が攻撃側に立ち、もう一方が防御側に回りました。攻撃側は積極的に前進して敵部隊を攻撃し、防御側はその場に踏みとどまって攻撃を受けとめます。この時、大抵の場合兵力が多い側が攻撃側に、少ない方が防御側に回りました。防御側に立った場合、丘や川など防御に適した地形を選んで利用することが重要です。そして地形の利用に加えて、壕や穴を掘る、杭を埋める、荷馬車を防壁代わりにするなど、防御陣地を作る応急工事が行われることもよくありました。

前衛・主力・後衛

多くの場合、野戦に挑む中世の軍隊は3つに分割されました。この3個の大部隊は「戦闘部隊(バトル)」または「ディビジョン」といい、それぞれ「前衛(ヴァン)」、「主力(メイン)」、「後衛(リア)」と呼ばれます。行軍中は前衛、主力、後衛の順に並び、戦闘時には右に前衛、中央に主力、左に後衛が配置されました。ただし横に広がるスペースがない場合、前方に2つ、後方に1つのバトルを置いたり、行軍時の順番のまま縦に3つのバトルが置かれることもありました。

意外とやりたくない野戦

中世の戦争というと、平原に整列した大軍勢がぶつかり合う勇壮な光景が思い浮かぶことで

攻撃方法

積極的に前進し、白兵戦で敵を打ち破る。

大量の弓矢、銃などの投射兵器を発射し損害を与える。

しょう。しかし実のところ、そうした野戦は中世の戦争におけるごく小さな要素にすぎません。一般的なイメージと違い中世前期から盛期にかけての王侯たちはできる限り野戦は避けたいと考えていました。

なぜかというと、当時の合戦は王や大貴族が直接陣頭指揮をとるのが一般的であり、一度負けると国の指導者層が根こそぎ戦死するか捕虜になる恐れがあったためです。また当時の軍隊は君主や領主が個人的に持つ「資産」であり、彼らはなるべく高価な軍隊を危険に晒したくないと考えました。そして合戦は一度始まるとどうしても成り行きは運任せにならざるを得ません。そのため指揮官たちが野戦に踏み切ったのは、よほど自分が有利な状況にあるか、または一か八か野戦に賭けなければならないほど状況が不利な場合だけでした。

例えばヘイスティングズの戦い（1066年）でノルマンディー公ギヨームがイングランド軍との野戦に踏み切ったのは、イングランド軍が自軍と海岸線の間に入り込み、上陸先のブリテン島で孤立しかかっていたからでした。またクレシーの戦い（1346年）でフランス王フィリップ6世がイングランドに野戦を挑んだのは、イングランド軍の略奪行為のせいで、懲罰を求め

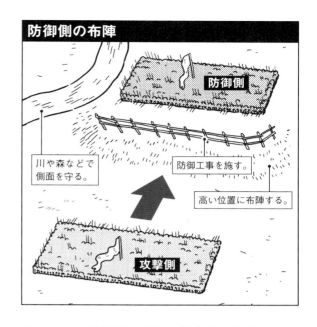

るフランス貴族層の怒りを抑え込めなくなったためです（逆にイングランド王エドワード3世には勝つ自信があったと考えらえます）。

野戦が起こる頻度はかなり「ムラ」があり、例えば百年戦争において1356年のポワティエの戦い以降、1415年のアジャンクールの戦いまで、歴史的な大規模野戦は起こりませんでした。しかし中世盛期以降は経済力の向上などにより野戦に踏み切るハードルは下がっていき、百年戦争終盤にはフォルミニーの戦い（1450年）とカスティヨンの戦い（1453年）が非常

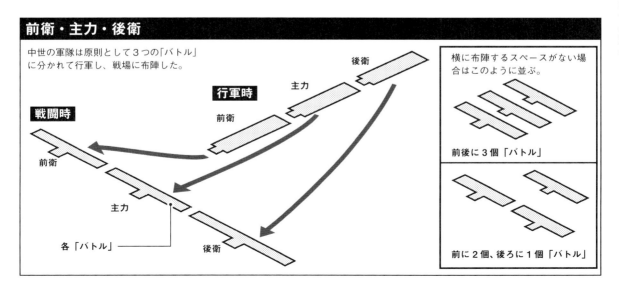

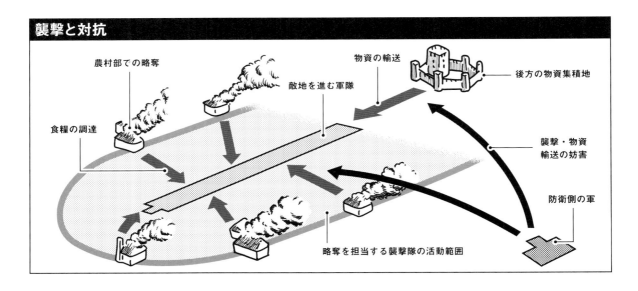

襲撃と対抗

に短い間隔で起こりました。

略奪と襲撃

　中世の指揮官たちはハイリスクな野戦よりも、もっと手堅く戦果が得られる方法を好みました。それが農村部での略奪です。攻め込んだ先で軽装の襲撃部隊を繰り出して無防備な農村を襲い、住民を殺傷し、家に火を付け、家財や家畜、作物を奪うのです。当時のヨーロッパでは基本的に農業が経済の中心であり、農村部の略奪には経済基盤を破壊して敵国を弱体化させる効果がありました。また戦利品の獲得は兵士たちの士気を高めます。そして略奪は食糧調達の方法でもあり、略奪で得た食糧によって軍隊は敵地で生活することが（ある程度）可能になるのです。逆にもし敵軍が自国に攻め込んできた場合、敵の襲撃部隊を逆に襲って相手の食糧調達ルートを断つという方法がとられました。

食料調達

　中世の軍隊は農村の略奪によって食料を得ると書きましたが、しかしそれだけで軍隊の食料全てが賄えるわけではありません。特に中世当時の農村は面積に比較して人口が少なく、略奪で得られる食糧の量はたかが知れていました。軍隊が敵地で自活するには都市部を略奪するか、そうでなければ後方から食料を運んでくる必要がありました。

城攻め

　略奪と並んで中世の戦争の最も一般的な形といえるのが城の包囲戦でした。城はその地域一帯を支配する拠点であり、城を攻め落とせば一気に占領地を広げることができます。

　もちろん城を攻め落とすにしても、なるべく軍隊の損害を避けるため、中世の指揮官は力ずくの城攻めは避けようとします。そのため城を包囲して兵糧攻めにする方法や、交渉で城主を説得して開城させたり寝返らせるといった方法がとられました。中世の軍隊が戦力としてはあまり頼りにならない民兵を大量に抱えていたのは、城の包囲に大量の人出が必要だったからでもあります。

非戦闘員

　中世の軍隊は、戦闘員だけで構成されていたわけではなく、多くの非戦闘員が軍隊に加わりました（もしくは勝手についてきました）。

　まず当時の軍隊は領主や騎士などの貴族層を中心に構成されていたので、彼らの召使いが戦

場まで同行しました。また、騎士の家の若い男子は小姓として教育役の騎士に仕えましたが、彼らもまた主人と共に従軍し、場合によっては戦闘に加わりました。

様々な職人たちも中世の軍隊に欠かせない要素でした。蹄鉄工や、武器や防具を修理する鍛冶屋、石の砲弾を切り出す石工など、軍隊が戦闘能力を維持するにはこうした職人が必要です。また城攻めの際にトンネルを掘るため、鉱夫が軍に加わることもありました。

中世の軍隊では食料の大部分が現地で調達されていたので、商人たちが軍隊に同行し、兵士に食料品を売ることが日常化していました。こうした商人がいる一方、多くの物乞いや泥棒たちまで軍隊の後をついてきたのです。

また意外なことに、中世では非常に多くの女性が軍に同行しました。兵士たちの中には妻を帯同して従軍する者も多く、宿営地にはそうした妻たちやその他の女性が兵士の身の周りの世話などにあたりました。そして兵士たちを相手に商売をする従軍売春婦たちも、中世の軍隊とは切っても切り離せない存在でした。

宿営地

軍隊が敵地を行軍する際、昼夜休みなく歩き続ける訳には行かないので、夜は行軍ルート上でキャンプすることになります。そして戦闘の日にはその宿営地から出て戦場へと向かうのです。そのため戦場に布陣する軍隊の後方には彼らが寝泊まりした宿営地があり、そこには非戦闘員と馬、大量の荷物が置かれていました。多くの貴族が参加し、略奪が常態化していた中世の軍隊の宿営地には金目のものが多くあり、戦闘の勝敗が決した後で勝者の部隊が敗者の宿営地へ殺到し、非戦闘員を殺害して戦利品を奪うという行為がしばしば頻発します。一方いざという時に立て籠って戦えるように、宿営地に防御工事が施されることもありました。

医療

中世のヨーロッパはイスラム世界などと比べると医療の面では後進的で、当時の兵士が受けられた治療には大きな制限がありました。現在では致命傷にならないレベルの負傷でも、簡単に死に至ることが多かったのです。

特に問題だったのが、外科技術が未熟だったために傷口からうまく異物を取り出せなかったことです。例えば剣で切り付けられると、剣や鎧の欠片、布の断片が傷口に入り込みます。また当時の矢は一度体に刺さると鏃が体に残るようになっていました。こうした異物が体に残ったままだとそこから感染症になり、最後には死んでしまいます。また頭蓋骨陥没などの頭部の負傷はほぼ治療不可能で、胃を刺されて腹膜炎になるとこれまた治療法がありませんでした。とはいえ中世で大怪我を負ったら必ず死ぬというわけでもなく、そうした負傷から生き延びた例も遺骨の調査などで多く発見できます。

むしろ中世では戦闘での負傷よりも病気の方が多くの犠牲者を出しました。戦時の軍隊では大勢の人間が不衛生な環境の中で寝泊まりするため、兵士たちの間では伝染病が頻繁に流行したのです。事実、中世では戦場で討死にする人数よりも、従軍中に病没する人数の方が多かったと言われています。

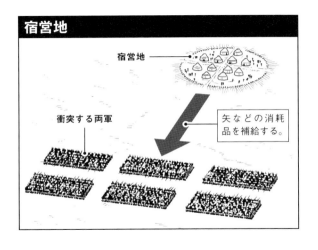

スコットランド独立戦争の戦術

1272年、ヘンリー3世（在位1216～1272年）の死を受けて、エドワード1世（在位1272～1307年）がイングランド王に即位します。彼の治世から、その息子のエドワード2世（在位1307～1327年）、さらにその息子のエドワード3世（在位1327～1377年）の治世にかけて、イングランドは幾度となくスコットランドへの遠征を繰り返しました。この度重なるスコットランドでの経験が、イングランド軍を中世ヨーロッパで最も経験豊富で洗練された軍隊に育てあげます。やがてエドワード3世が矛先をフランスへ向けて百年戦争（1339～1453年）が勃発すると、彼の率いるイングランド軍はフランス軍に対しほとんど無敵を誇りました。

シルトロン隊形

スコットランド軍には他のヨーロッパ諸国のような騎兵がほぼおらず、基本的に歩兵を中心にした軍隊でした。その一方で、イングランドの征服者に対するスコットランド人の敵愾心は強く、歩兵たちには士気と規律がありました。そしてスコットランド軍歩兵がイングランドの騎兵と効果的に戦うために用いた戦術が「シルトロン」です。

シルトロンに関しては資料が少なく、詳しくはわかっていません。確実にいえるのはシルトロンは長い槍で武装した歩兵によって構成される隊形だったことで、戦場では各兵士が槍を突き出し、ハリネズミのような様相を呈したことでしょう。スコットランド軍はこのシルトロンを組んだまま前進し、攻撃に出ることも可能でした。ただし当時のスコットランド兵の練度を考えると、シルトロンは比較的不揃いな隊形で、前進する際は縦に厚い縦隊となったと思われます。また敵騎兵の攻撃を受けた際は、四角形や円形に並んで四方に槍を突き出しました。

スターリングブリッジの戦い（1297年）では、このシルトロンがイングランド軍を打ち破ります。この戦いにおいて、イングランド軍はスコットランド軍の目の前で川にかかる橋を渡ろうとします。しかし一部が対岸についたところでスコットランド軍のシルトロンが攻撃に出て、イングランド軍を川に追い落としたのです。

シルトロン

前の数列が槍を突き出す

前進する際は比較的縦長の形になったと思われる。

フォルカークの戦い
イングランド（勝）VSスコットランド（敗）
1298年7月22日

　フォルカークの戦いは、第一次スコットランド独立戦争の一環としてスターリングブリッジの戦いの翌年に起こりました。エドワード1世のイングランド軍は騎兵2,000人強に歩兵13,000人弱、ウィリアム・ウォレス率いるスコットランド軍は騎兵500人に、ほぼ槍兵で占められた歩兵が9,500人ほどです。スコットランド軍は円形のシルトロンを組んで防御的に戦いますが、結果はスターリングブリッジとは打って変わり、スコットランドの惨敗に終わります。

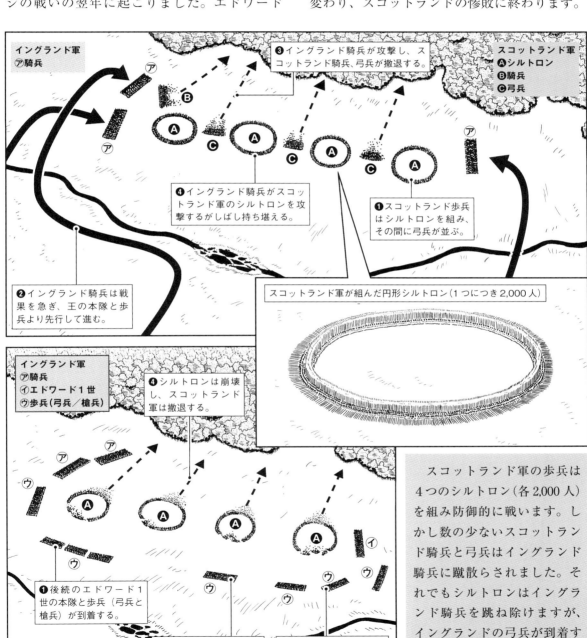

　スコットランド軍の歩兵は4つのシルトロン（各2,000人）を組み防御的に戦います。しかし数の少ないスコットランド騎兵と弓兵はイングランド騎兵に蹴散らされました。それでもシルトロンはイングランド騎兵を跳ね除けますが、イングランドの弓兵が到着すると格好の的になり、大損害を出して敗退します。

第4章　中世の戦術

バノックバーンの戦い

スコットランド（勝）VSイングランド（敗）
1314年6月23～24日

　バノックバーンの戦いは、スコットランド王ロバート・ブルース（在位1306～1329年）がスターリング城を包囲したことに端を発します。イングランド王エドワード2世はスターリング城の救援のため軍を送り、両者はスターリング城にほど近いバノックバーン（スコットランド語で「小川」）のほとりで激突します。フォルカークの戦い（1298年）ではスコットランドを破ったイングランドでしたが、エドワード2世には父エドワード1世のような指揮官としての才能はありませんでした。イングランド軍は歩兵・騎兵の協調を忘れて戦い、スコットランドのシルトロンの前に大敗を喫することとなります。

　戦いに参加したのはスコットランド軍が騎兵300人、歩兵10,000人に対し、イングランド軍が騎兵2,500人に歩兵が12,000人ほどと、兵力の上ではイングランドが有利でした。しかしスコットランド軍は戦闘1日目（6/23）に城へ向かうイングランド軍先鋒を阻止し、翌日には森の間の狭い地形に陣取って側面を守ります。そのためイングランド軍は正面からシルトロンを攻撃する他なくなりました。

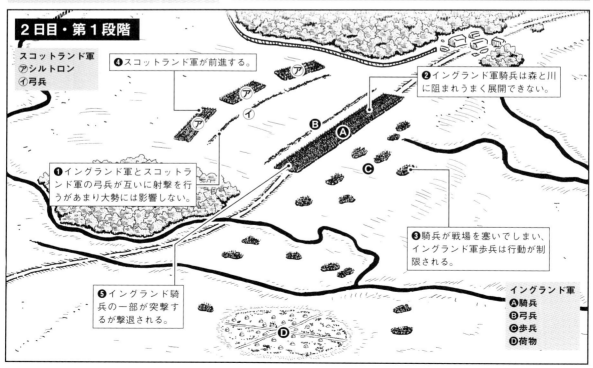

スコットランド軍のシルトロンを前に、イングランド騎兵の突撃は跳ね除けられる。

騎兵突撃ではシルトロンを打ち破れず、弓兵は味方の騎兵が戦場を塞いでしまったため射撃位置につけません。イングランド軍が有効な攻撃を行えないでいるうちにスコットランド軍が総攻撃に出るとイングランド軍は総崩れとなりました。

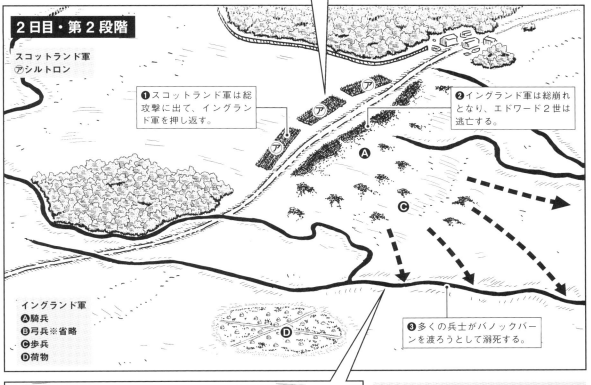

2日目・第2段階

スコットランド軍
㋐シルトロン

❶ スコットランド軍は総攻撃に出て、イングランド軍を押し返す。

❷ イングランド軍は総崩れとなり、エドワード2世は逃亡する。

❸ 多くの兵士がバノックバーンを渡ろうとして溺死する。

イングランド軍
Ⓐ騎兵
Ⓑ弓兵※省略
Ⓒ歩兵
Ⓓ荷物

エドワード2世は戦場から逃亡し、多くのイングランド軍兵士が川を渡って逃げようとしました。しかし甲冑を身に付けたまま川に飛び込んだため大量の溺死者を出します。この戦いに限らず、負けた軍隊が逃走する際に川を渡ろうとして溺死者を出すという事態は、古今東西の戦場で繰り返されてきました。

第4章　中世の戦術

百年戦争の戦術

百年戦争の特に序盤において、イングランド軍はフランス軍に対しほぼ無敵を誇りました。クレシーの戦い（1346年）、ポワティエの戦い（1356年）、アジャンクールの戦い（1415年）はいずれもイングランドの大勝利に終わり、特にポワティエではフランス国王ジャン2世を捕虜にすることにさえ成功します。こうした勝利を支えたのが、インデンチュア制度（P.38参照）によって集められた優秀な軍隊であり、スコットランドへの遠征で培われたロングボウ戦術でした。一方、イングランド軍には占領地で行った略奪行為によって、恐ろしい悪評がついて回ることになります。

シュヴォシェ

イングランド王エドワード3世が遠征軍を率いてフランスに上陸すると、イングランド軍は行軍ルート周辺の農村地帯で組織的な略奪を行いました。この略奪行は「騎行（シュヴォシェ）」と呼ばれ、その名の通り主に軽快な騎馬部隊によって行われました。この略奪には大きく分けて次のような利点があります。まず当時の国家は大抵の場合農業がその経済の中心であり、農村部を荒廃させることで敵国の経済に打撃を与えられます。また略奪で大量の食料や金品を奪うことで、軍隊は敵地で「自活」することが可能となるのです。付け加えれば略奪を受けた村々は貴族の領地であり、君主が家臣の領地を保護する義務を果たせなければ家臣の忠誠は揺らいでしまいま

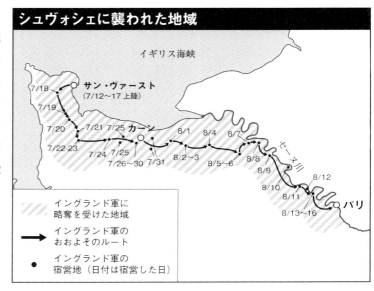

す。そして領地の略奪は軍の中心である領主層を怒らせ、野戦に誘き出すことができるのです。そうして起こったのがクレシーの戦いでした。戦いの前日、焼け出された農民たちが集まり戦場に向かうフランス軍に大歓声を送ったという記録があります。皮肉なことに復讐と郷土防衛に燃えるフランス騎士たちはクレシーで稚拙な突撃を行い、大敗を喫しました。

ただ当時のイングランドが特別残虐だったというわけではなく、こうした略奪行為は中世の戦争ではありふれた行為でした。フランス軍にしても山賊同然のならず者を傭兵として多く抱えており、彼らも契約が終わると金目当てに農村部での略奪に手を染めました（P.40参照）。

ロングボウ

イングランド軍は軍における弓兵の割合が非常に高く、弓兵が他のメン・アット・アームズと同数か、時に数倍に及ぶことさえありまし

た。百年戦争でイングランド軍がよく用いたのが、この弓兵と下馬兵を組み合わせた戦術です。この戦術ではイングランド軍は小高い丘などの防御に適した地形に陣取り、基本的には防御的に戦います。イングランド軍を構成する各バトルは中央に下馬メン・アット・アームズを、側面に弓兵を配置して敵を待ち構えました（下馬兵と弓兵は綺麗に分かれずに混じり合っていたとする説もあります）。陣地の正面には敵騎兵が弓兵に接近するのを防ぐため、防御工事も行われました。特によく行われたのが、地面に杭を埋める方法です。杭は先端を尖らせ、敵に向けて斜めに傾けられました。また杭を立てる他にも地面に穴や壕を掘ったり、カルトロップ（撒菱）を撒くことも行われました。

　こうして作った有利なポジションから、弓兵は接近してきた敵兵に猛烈な射撃を浴びせました。甲冑はロングボウの矢を防ぐだけの防御力がありましたが、無数の矢のうちいくつかは甲冑の隙間に命中したでしょうし、盾や甲冑に矢が当たる衝撃は貫通せずとも着用者を打ちのめしたはずです。また多くの軍馬は戦場でも無防備なままだったと考えられます。それでもなお敵兵が矢をくぐり抜けてきた場合は下馬メン・アット・アームズが前に出て弓兵を守り、時に弓兵自身も矢が尽きたり、極端に敵が接近してきた場合は剣で戦いました。

　こうした戦術は百年戦争に先立つスコットランド遠征で確立されたと考えられ、ダプリン・ムーアの戦い（1332年）やハリドン・ヒルの戦い（1333年）で、イングランド軍はこの戦術を用いてスコットランド軍を破っています。そして先に挙げたクレシー、ポワティエ、アジャンクールの戦いはいずれも、イングランド軍の弓兵隊にフランス軍が挑んで敗北したのです。

無敵のロングボウ？

　しかしロングボウはこれさえあれば勝てる無敵の兵器ではなく、防御工事と歩兵の援護がなければうまく機能しませんでした。例えばパテーの戦い（1429年）では、イングランド軍が地面に防御杭を打つ前にフランス軍が攻めてきたため、フランス騎兵にロングボウ兵が蹂躙される結果に終わっています。またヴェルヌイユの戦い（1424年）では、敵騎兵が馬にまで頑丈な鎧を着せていたため矢が通用せず、ロングボウ部隊が撃退されました（戦い自体はイングランドが勝利）。

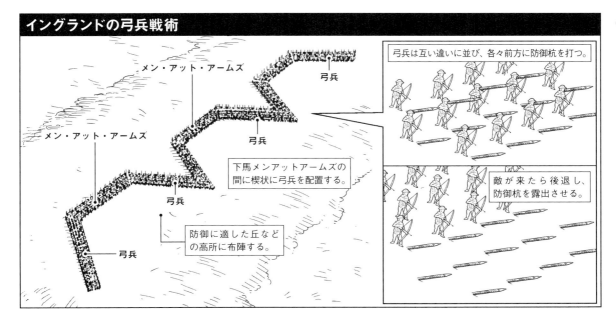

クレシーの戦い
イングランド（勝）VSフランス（敗）
1346年8月26日

百年戦争の開戦後、イングランド軍は進路上のフランスの農村部を略奪して回ります。イングランドの侵攻軍に対してフランスは軍を起こし、両者はフランス北部のクレシーで激突しました。エドワード3世率いるイングランド軍はメン・アット・アームズ3,000人に弓兵10,000人、フィリップ6世のフランス軍は騎兵12,000人にクロスボウ兵6,000人、さらに膨大な数の歩兵を含んでいました。この戦いでイングランド軍は弓兵と下馬兵の組み合わせ戦術を採用し、高台に陣取って防御的に戦います。一方フランス軍の騎士たちは「侵略者」への懲罰に躍起になり、統制を欠いたまま戦闘に雪崩れ込んだ結果、戦いはフランスの大敗に終わりました。

フランス王フィリップ6世は軍を統制できず、大量の歩兵を後方に残したまま戦闘が始まりました。戦闘はフランスのジェノヴァ人クロスボウ兵とイングランド弓兵の対決で始まりましたが、クロスボウ兵は大型盾を輸送荷車に残した状態で戦うようフランス人司令官に強要され大損害を出しました。

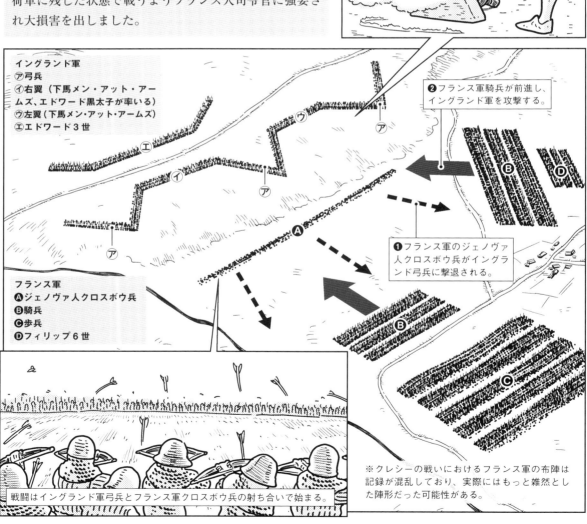

イングランド軍は大砲またはリボートカン（P.79）を使用したという逸話があるが、大勢に影響はなかっただろう。

イングランド軍
- ㋐弓兵
- ㋑右翼（下馬メン・アット・アームズ、エドワード黒太子が率いる）
- ㋒左翼（下馬メン・アット・アームズ）
- ㋓エドワード3世

フランス軍
- Ⓐジェノヴァ人クロスボウ兵
- Ⓑ騎兵
- Ⓒ歩兵
- Ⓓフィリップ6世

❶フランス軍のジェノヴァ人クロスボウ兵がイングランド弓兵に撃退される。

❷フランス軍騎兵が前進し、イングランド軍を攻撃する。

戦闘はイングランド軍弓兵とフランス軍クロスボウ兵の射ち合いで始まる。

※クレシーの戦いにおけるフランス軍の布陣は記録が混乱しており、実際にはもっと雑然とした陣形だった可能性がある。

イングランド軍弓兵は防御に適した高い位置から猛烈な射撃を行う。

クロスボウ兵部隊が敗退した後、フランス軍騎兵が猛然とイングランド軍への突撃を敢行しました。しかしイングランド弓兵の射撃の前に大損害を出します。フランス軍は諦めることなく何度も突撃を繰り返しましたが、結局イングランド軍を破ることは出来ず犠牲者を増やしただけでした。

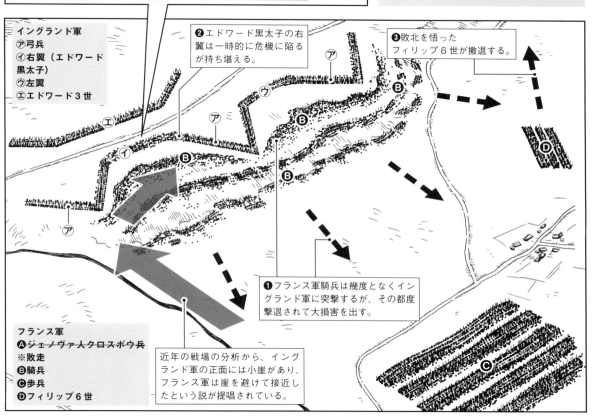

イングランド軍
- ㋐弓兵
- ㋑右翼（エドワード黒太子）
- ㋒左翼
- ㋓エドワード3世

❷エドワード黒太子の右翼は一時的に危機に陥るが持ち堪える。

❸敗北を悟ったフィリップ6世が撤退する。

フランス軍
- Ⓐジェノヴァ人クロスボウ兵
  ※敗走
- Ⓑ騎兵
- Ⓒ歩兵
- Ⓓフィリップ6世

近年の戦場の分析から、イングランド軍の正面には小崖があり、フランス軍は崖を避けて接近したという説が提唱されている。

❶フランス軍騎兵は幾度となくイングランド軍に突撃するが、その都度撃退されて大損害を出す。

フランス軍騎兵は有利な地形に陣取ったイングランド弓兵の前に大きな被害を被り、ボヘミア王ヨハン、アランソン伯（フィリップ6世の弟）などの大貴族が戦死します。そしてこのイングランドの「必勝パターン」はポワティエ、アジャンクール（次ページ参照）でも繰り返されるのです。

イングランド軍の大量の矢によって、無防備なフランス軍騎兵の馬は大損害を受けた。

第4章 中世の戦術

アジャンクールの戦い
イングランド（勝）VSフランス（敗）
1415年10月25日

アジャンクールの戦いは、クレシー（1346年）、ポワティエ（1356年）の戦いと並び、イングランドのロングボウがフランスの騎兵を破った戦いとして有名です。イングランド軍の兵力はメン・アット・アームズ1,000人と弓兵5,000人、対するフランス軍はその数倍に及ぶ2〜30,000人の兵士がいました。この戦力差の前に、イングランド軍を率いるヘンリー5世（在位1413〜1422年）は休戦交渉を行おうとしましたが、結局不首尾に終わり、やむなく打って出ることにします。しかしイングランド軍の弓兵・下馬兵の組み合わせ戦術の有効性と、フランス軍の拙劣な攻撃が相まって、結果はイングランドの大勝に終わりました。

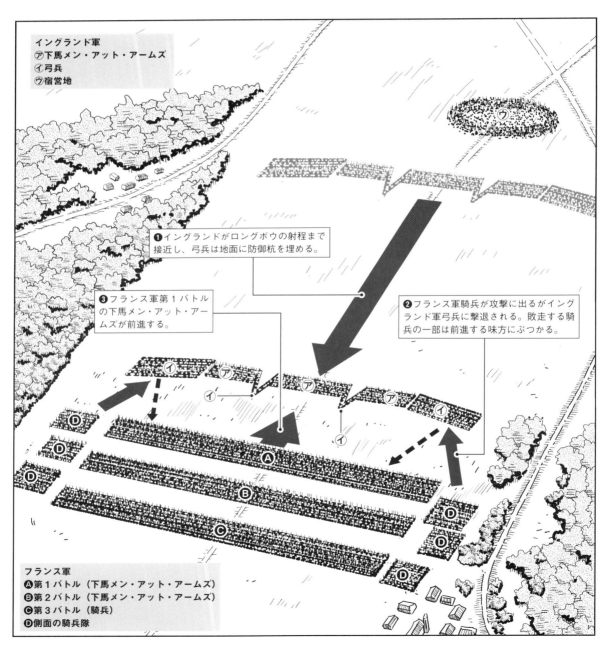

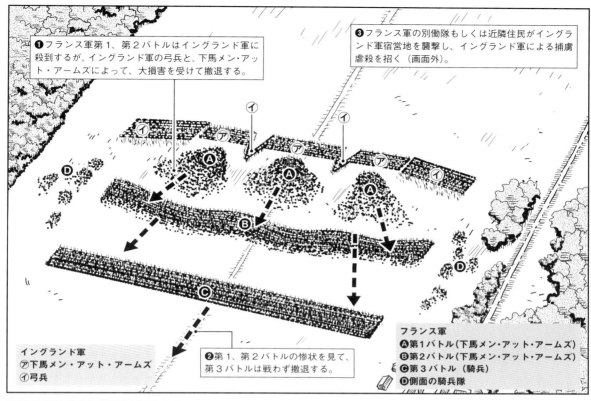

❶ フランス軍第1、第2バトルはイングランド軍に殺到するが、イングランド軍の弓兵と、下馬メン・アット・アームズによって、大損害を受けて撤退する。

❸ フランス軍の別働隊もしくは近隣住民がイングランド軍宿営地を襲撃し、イングランド軍による捕虜虐殺を招く（画面外）。

❷ 第1、第2バトルの惨状を見て、第3バトルは戦わず撤退する。

イングランド軍
㋐ 下馬メン・アット・アームズ
㋑ 弓兵

フランス軍
Ⓐ 第1バトル（下馬メン・アット・アームズ）
Ⓑ 第2バトル（下馬メン・アット・アームズ）
Ⓒ 第3バトル（騎兵）
Ⓓ 側面の騎兵隊

イングランド軍は弓兵の前に杭を埋め、騎兵の攻撃を防いだ。

フランス軍の果敢な攻撃はイングランド軍の弓兵、下馬メン・アット・アームズに阻まれて大損害を出し、戦いはイングランドの勝利に終わりました。

戦いの最終盤、フランス軍の別働隊か、または戦利品目当ての近隣住民がイングランド軍の宿営地を襲い、捕虜が奪還されることを恐れたイングランド軍は捕虜の大量殺害を実行します。

野戦回避戦略

クレシー、ポワティエでの敗北が示すように、フランス軍がイングランド軍に野戦で勝利するのは極めて難しいことは明らかでした。ジャン2世の後を継いでフランス王になったシャルル5世（賢明王、在位1364～1380年）はこの問題に柔軟に対応します。彼はまず、野戦でイングランド軍と戦うことは極力回避しました。その一方で城や城壁で囲まれた街の防衛を強化します。イングランド軍がシュヴォシェで農村を荒らすことには目を瞑りました。城か都市を占領しない限り、イングランド軍は行き場をなくして撤退せざるを得なくなるためです。それを待ちイングランド軍が占領した地域の城を攻め落とし、徐々に領土を取り戻していきました。

開戦当初と比較するとこれは興味深い変化です。クレシーではフランスは旺盛な騎士道精神のせいで敗れましたが、敗北から学び（アジャンクールでまたも敗北したものの）最後には騎士らしくない戦略で戦争に勝利したのです。

カスティヨンの戦い

フランス（勝）VSイングランド（敗）
1453年7月17日

カスティヨンの戦いは百年戦争最終盤に起こり、戦争における大砲の大量使用が勝利の大きな要因となった戦いです。この戦いはイングランド勢力下のカスティヨン（フランス南西部）を攻略しようとするフランス軍と、街の救援に来たイングランド軍との間で行われました。フランス軍の兵力はおよそ7,400～11,400人、ジョン・タルボット率いるイングランド軍が6,300～9000人と、フランス軍の方が優勢でした。カスティヨンの戦いの大きな特徴は、フランス軍が陣地を築いて防御的に戦う反面、イングランド軍が攻撃的に戦ったことで、さながらクレシーやアジャンクールの攻守逆転版のような様相を呈しました。

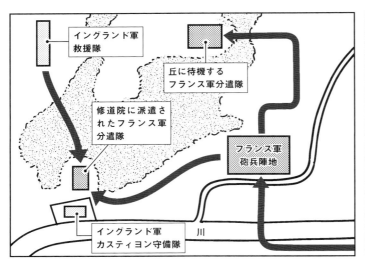

フランス軍はイングランドのカスティヨン守備隊と救援軍の間に挟まれることを恐れ、一部をカスティヨン近くの修道院に、もう一部を北部の丘に派遣しました。そして主力は街の東側に広大な砲兵陣地を構築し、内部には多数の投射武器と砲を配備してイングランド軍を待ち構えます。タルボット率いるイングランドの救援軍は修道院のフランス軍部隊を撃破しますが、逃走する部隊を追う際、フランス軍砲兵陣地の存在に気付きました。

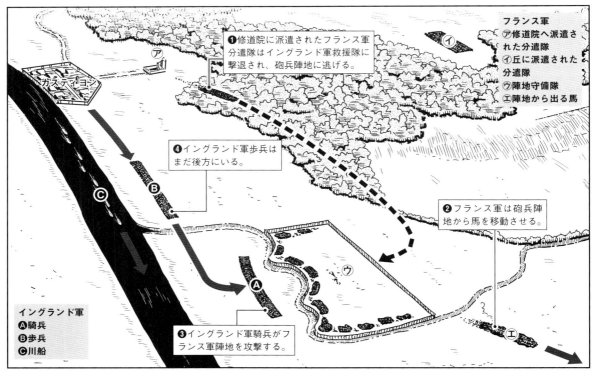

陣地に籠るフランス軍は、内部のスペースを確保するために馬を外に出します。この時の土埃を見たイングランド軍はフランス軍が陣地から撤退したのだと誤認しました。イングランド軍は攻撃を決意し陣地に接近しますが、もちろんフランス軍は陣地に残っていました。しかしフランス軍は陣地内で大砲を移動中で、この隙を突こうとイングランド軍は攻撃に踏み切ります。

フランス軍陣地からもうもうと立ち昇る砂埃を見て、イングランド軍はフランス軍が撤退するものと考えた。

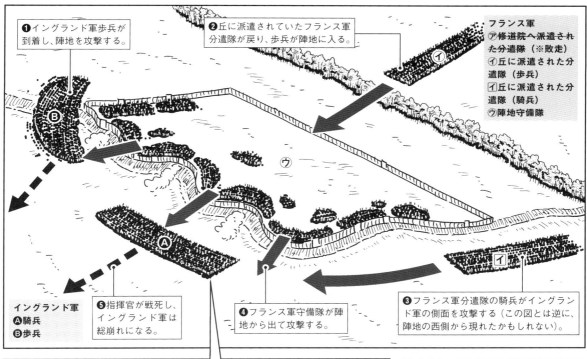

❶ イングランド軍歩兵が到着し、陣地を攻撃する。

❷ 丘に派遣されていたフランス軍分遣隊が戻り、歩兵が陣地に入る。

フランス軍
㋐修道院へ派遣された分遣隊（※敗走）
㋑丘に派遣された分遣隊（歩兵）
㋑丘に派遣された分遣隊（騎兵）
㋒陣地守備隊

❺ 指揮官が戦死し、イングランド軍は総崩れになる。

❹ フランス軍守備隊が陣地から出て攻撃する。

❸ フランス軍分遣隊の騎兵がイングランド軍の側面を攻撃する（この図とは逆に、陣地の西側から現れたかもしれない）。

イングランド軍
Ⓐ騎兵
Ⓑ歩兵

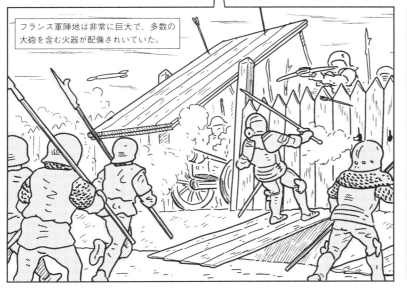

フランス軍陣地は非常に巨大で、多数の大砲を含む火器が配備されていた。

イングランド軍はフランス軍陣地を攻めますが、川、壕、柵などの障害と、大砲とクロスボウの射撃に阻まれて攻め入ることができません。やがて北の丘陵地帯に派遣されていたフランス軍部隊が戻って来て、イングランド軍の側面を攻撃します。陣地内のフランス軍も逆襲に転じ、指揮官タルボットは戦死、イングランド軍は大損害を被り敗北しました。

第4章　中世の戦術

薔薇戦争の戦術

百年戦争後のイングランドでは、敗北の責任をめぐって大きな政治的混乱が巻き起こります。この混乱は国内の有力貴族を巻き込んで、ヨーク家とランカスター家の王位を巡る内戦、薔薇戦争（1455〜1487年）へと発展しました。薔薇戦争が起こった15世紀後半はまさに中世が終わろうとする時期であり、薔薇戦争はイングランドが経験した最後の「中世の戦争」といえるでしょう。

矢の応酬

　百年戦争の数々の戦闘で、イングランドのロングボウはフランスに対し多くの勝利を収めてきました。しかし薔薇戦争はイングランドでの内戦であり、時に両軍が互いにロングボウで射ち合うという事態が頻発します。この矢の応酬は凄まじく、時に「矢の嵐」、「矢の吹雪」などと形容されました。

下馬戦

　すでに述べたように、百年戦争では騎兵突撃戦術の威力が大きく衰退し、騎士であっても戦場では馬から降りて戦うようになります。百年戦争に続く薔薇戦争でもその傾向は変わらず、薔薇戦争の戦闘の多くが、重装甲の下馬兵士たちによるぶつかり合いになりました。

　ただ騎馬戦術が完全に廃れたわけではなく、敵にとどめを刺すためにここぞというタイミングで騎兵を突撃させたり、逃げる敵の追撃のために騎乗するといったことは依然として行われました。馬を後方に待機させておいたり、騎乗したまま待機して機をうかがったのです。

大砲の利用

　百年戦争終盤には、大砲が大きな威力を発揮していました。大砲は城壁の破壊にしか使えない大袈裟な武器から、ある程度は野戦にも使える軽快な武器へと発展しており、薔薇戦争でもテュークスベリの戦い（1471年）など、大砲が重要な役割を果たした戦いはいくつかあります。とはいえイングランドではまだ軍隊の必須装備ではありませんでした。タウトンの戦いでは特に使われず、ボズワースの戦い（1485年）ではむしろ大量に持っていた側が敗北しました。

騎士道精神の衰退

　薔薇戦争は中世最末期の戦争ということもあり、戦場から麗しい騎士道精神は影をひそめました。古くから戦場では敵側の騎士や貴族は殺さずに捕らえて身代金をとるのが作法とされましたが、薔薇戦争ではむしろ逆のことが起こります。薔薇戦争は基本的に貴族同士の内戦であり、貴族たちはこの機会に敵対する家の有力者を殺してしまおうと考えたのです。戦場で動けなくなった騎士や貴族は助命されるどころか容赦なく殺され、戦闘後の捕虜の処刑もしばしば行われました。特にテュークスベリの戦いの後のランカスター派貴族の大量処刑は有名です。

　また君主に対する貴族の忠誠心もだいぶ怪しくなっていました。ノーサンプトンの戦い（1460年）やボズワースの戦いなどでは、大部隊を率いる貴族が戦闘中に裏切って敵側についたり、自陣営が負けた後に「お目こぼし」されることを期待して積極的に戦わない、といった行為が起こりました。

タウトンの戦い
ヨーク派（勝）VSランカスター派（敗）
1461年3月29日

　タウトンの戦いは、戦いの直前に即位して王位を主張したヨーク派のエドワード4世と、ランカスター派の国王ヘンリー6世（戦場には不在）との間で行われました。エドワード4世率いるヨーク軍は戦闘開始時に20,000人、サマセット公率いるランカスター軍は25,000人ほどの兵力を有していました。タウトンの戦いは冬の吹雪の中で行われ、交戦した兵力と出た犠牲者の多さから、イングランド国内で行われた野戦としては最も凄惨な戦いと言われています。

　戦闘序盤はロングボウ兵同士の弓矢の射ち合いで始まりました。しかし吹雪のせいでランカスター軍の矢はヨーク軍に届きません。

　らちが明かないと見たランカスター軍は前進し、下馬メン・アット・アームズ同士の白兵戦が展開します。

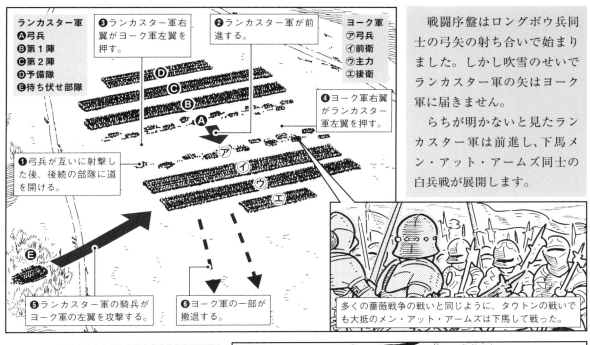

　ランカスター軍、ヨーク軍ともに右翼が優勢となり、戦線全体が徐々に左に回転します。戦いは一進一退のまま、長時間の戦闘のため両軍には疲労が溜まっていきました。しかし後方からヨーク軍の増援が到着すると戦況は一気にヨーク軍へと傾き、ランカスター軍は総崩れとなりました。

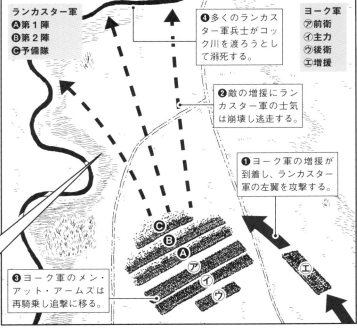

ランカスター軍が逃げ出すと、ヨーク軍は宿営地から馬を連れて来させ、騎乗して追撃した。

ボズワースの戦い
ヘンリー・テューダー（勝）VSリチャード3世（敗）
1485年8月22日

　1483年6月に王位に就いたヨーク家のリチャード3世でしたが、即位するやバッキンガム公とランカスター家傍流のヘンリー・テューダーが反乱を起こします。この反乱は鎮圧されましたが、ヘンリーは再起して両者はボズワースで激突しました。この戦いは薔薇戦争を終わらせた決定的な戦いとしてイングランド史に残ることとなります。リチャード3世の軍は7,900〜12,000人、ヘンリー・テューダーの軍は5,000〜7,000人ほどでした。リチャード3世は兵力で勝り、多数の大砲も備えていましたが、リチャード軍の左翼に陣取るスタンレー兄弟をはじめとして軍の忠誠心はかなり怪しく、結局これが彼の命取りとなります。

　リチャード3世は防御的に戦うことを選び、高い位置に軍を展開します。軍の中央と両側面には砲兵を配置し、中央の砲兵隊は沼地で守られていました。

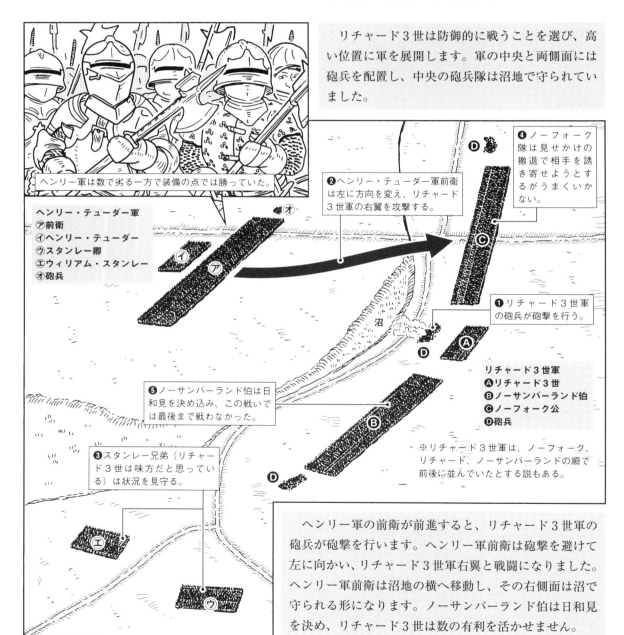

　ヘンリー軍の前衛が前進すると、リチャード3世軍の砲兵が砲撃を行います。ヘンリー軍前衛は砲撃を避けて左に向かい、リチャード3世軍右翼と戦闘になりました。ヘンリー軍前衛は沼地の横へ移動し、その右側面は沼で守られる形になります。ノーサンバーランド伯は日和見を決め、リチャード3世は数の有利を活かせません。

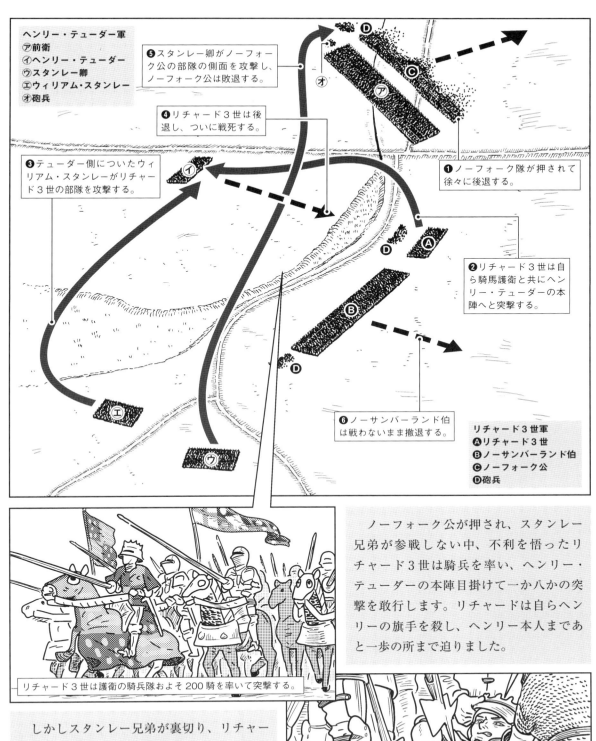

ノーフォーク公が押され、スタンレー兄弟が参戦しない中、不利を悟ったリチャード3世は騎兵を率い、ヘンリー・テューダーの本陣目掛けて一か八かの突撃を敢行します。リチャードは自らヘンリーの旗手を殺し、ヘンリー本人まであと一歩の所まで迫りました。

リチャード3世は護衛の騎兵隊およそ200騎を率いて突撃する。

しかしスタンレー兄弟が裏切り、リチャード3世の騎兵隊は後退を余儀なくされます。やがてリチャード3世は沼地に追い込まれて戦死しました。勝者となったヘンリー・テューダーはヘンリー7世として即位し、薔薇戦争は終結を迎えます。

リチャード3世は馬から引きずり下ろされてとどめを刺された。

第4章　中世の戦術

イタリアの戦術

イタリアは中世前半に規律ある民兵隊を輩出し、後半では傭兵のコンドッティエーレが戦場を支配しました。イタリア民兵歩兵は規律正しさと高度な戦術でしばしば封建騎士の騎兵隊を打ち破り、ヨーロッパで知られた存在となりました。コンドッティエーレは戦場での勝利というよりも、その狡猾さや政治的野心で悪名を轟かせました。

戦闘隊形をとるイタリア民兵
イタリアの都市民兵は、大型盾、長い槍、クロスボウなどの異なる種類の武器を効果的に組み合わせて使った。図は盾兵、槍兵、クロスボウ兵を並べた防御的な隊形。

民兵の戦術

11〜13世紀に活躍したイタリアの都市民兵には、大きく分けて3種類の兵士がいました。長い槍を持った槍兵、クロスボウ兵、そして「パヴィース」という大型の盾を持つ盾兵です。戦場では、イタリア民兵はこの3つの武器を巧みに組み合わせた戦術を駆使しました。

まず、最前列に盾兵が並んで部隊全体を敵の投射武器から保護します。槍兵は盾の隙間から槍を突き出して敵の接近を防ぎつつ、その背後からクロスボウ兵が射撃を行うのです。イタリアの都市民兵は定期的な訓練で騎兵隊の突撃を受ける模擬戦を繰り返していたので、騎兵の攻撃にあっても臆せずその場に踏みとどまることができました。この戦術は敵と適度な間合いを取れるので、クロスボウの弱点である装填の遅さを補えるという大きな利点があります。またあらかじめ壕などの陣地を作って守りを固めることもよくありました。その一方で、部隊全体が規律正しく前進してこちらから攻撃をかけることも可能でした。

戦場ではこの民兵歩兵と騎兵が連携して戦いました。敵に歩兵を攻撃させて動きを封じ、機を見て騎兵が反撃に転じるのです。

コンドッティエーレの戦術

コンドッティエーレの前身は、百年戦争が下火になったことで仕事にあぶれた傭兵たちでした。そのため、初期のコンドッティエーレの戦術は明らかに百年戦争の影響を受けています。イギリス人コンドッティエーレのジョン・ホークウッド（1320〜1394年）が大勝利を収めたカスタニャーロの戦い（1387年）は、まさにクレシー、ポワティエの戦いの再現でした。

またコンドッティエーレは軍事理論家でもあり、戦術の流派のようなものが存在しました。

レニャーノの戦い
ロンバルディア同盟（勝）VS神聖ローマ帝国（敗）
1176年5月29日

　レニャーノの戦いは神聖ローマ皇帝フリードリヒ1世と、北イタリアのロンバルディア同盟との間で行われました。戦闘序盤、神聖ローマ騎兵はイタリア騎兵を撃退しますが、イタリア歩兵は槍衾を作り防御の構えをとります。槍の密集隊形に投射武器を組み合わせたイタリア歩兵に神聖ローマ騎兵は攻めあぐね、そのうち体勢を立て直したイタリア騎兵が戻ってきました。背後を突かれた神聖ローマ軍は敗走し、戦いはロンバルディア同盟の勝利に終わります。

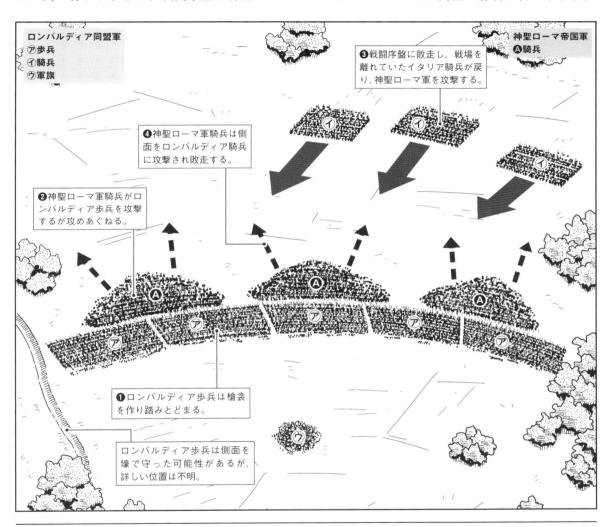

　それが「スフォルツェスカ」と「ブラチェスカ」です。スフォルツェスカはムツィオ・アッテンドーロ（1369～1424年）が創始した戦術で、彼のあだ名「スフォルツァ（力）」に由来します。この流派は騎兵と歩兵を協調させること、慎重な計画を練ること、そして計画に基づいて猛烈な総攻撃に出ることを重んじました。

　一方ブラッチオ・ダ・モントーネ（1368～1424年）が編み出した「ブラチェスカ」は下級指揮官の自発性を重視し、騎兵で敵の弱点を突くこと、予備隊を置き、敵が疲労してきた段階で新手を繰り出すことを主眼に置きました。実際の戦場では、状況によって二つの流派は柔軟に使い分けられたのだと思われます。

カスタニャーロの戦い
パドヴァ（勝）VSヴェローナ（敗）
1387年3月11日

　カスタニャーロの戦いは、著名なイングランド人コンドッティエーレ、ジョン・ホークウッドがイングランド式戦術を駆使して大勝を収めた戦いです。ホークウッド率いるパドヴァ軍は騎兵3,100人、イングランドのロングボウ兵500人を含む歩兵1,900人、対するジョヴァンニ・デッリ・オルデラッフィ率いるヴェローナ軍は騎兵5,200人、歩兵が6〜7,000人と、数の上では圧倒的に有利でした。

　そこでパドヴァ軍は右翼を川で守り、前線に壕を掘って防御的に戦います。ヴェローナ軍は数の有利を活かしてパドヴァ軍を激しく攻めますが、ホークウッドがとった思いがけない行動によって勝利はパドヴァに転がり込みました。

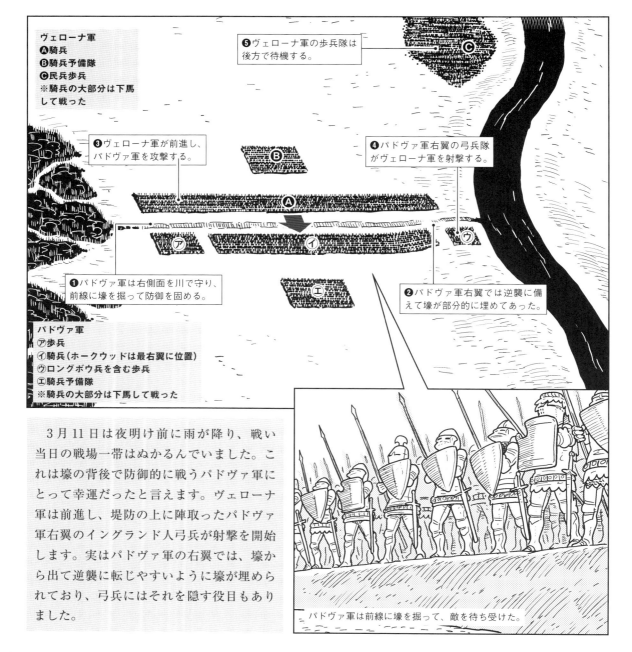

ヴェローナ軍
Ⓐ騎兵
Ⓑ騎兵予備隊
Ⓒ民兵歩兵
※騎兵の大部分は下馬して戦った

❶パドヴァ軍は右側面を川で守り、前線に壕を掘って防御を固める。
❷パドヴァ軍右翼では逆襲に備えて壕が部分的に埋めてあった。
❸ヴェローナ軍が前進し、パドヴァ軍を攻撃する。
❹パドヴァ軍右翼の弓兵隊がヴェローナ軍を射撃する。
❺ヴェローナ軍の歩兵隊は後方で待機する。

パドヴァ軍
㋐歩兵
㋑騎兵（ホークウッドは最右翼に位置）
㋒ロングボウ兵を含む歩兵
㋓騎兵予備隊
※騎兵の大部分は下馬して戦った

　3月11日は夜明け前に雨が降り、戦い当日の戦場一帯はぬかるんでいました。これは壕の背後で防御的に戦うパドヴァ軍にとって幸運だったと言えます。ヴェローナ軍は前進し、堤防の上に陣取ったパドヴァ軍右翼のイングランド人弓兵が射撃を開始します。実はパドヴァ軍の右翼では、壕から出て逆襲に転じやすいように壕が埋められており、弓兵にはそれを隠す役目もありました。

パドヴァ軍は前線に壕を掘って、敵を待ち受けた。

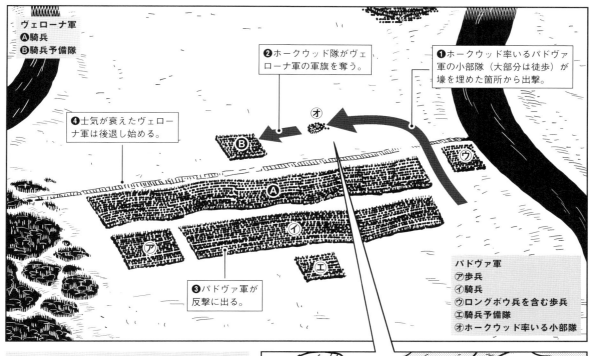

ヴェローナ軍は壕を越えてパドヴァ軍を攻撃し、下馬メン・アット・アームズ同士の壮絶な白兵戦が展開されました。

中央では数に勝るヴェローナ軍が押し始め、パドヴァ軍は追い込まれます。しかしここでホークウッドは一か八かの賭けに出ました。弓兵の援護射撃のもと、少数の兵士を率いてヴェローナ軍の背後へと抜け、なんとヴェローナの象徴である軍旗を奪ったのです。

ホークウッド隊が奪ったのは、ヴェローナの領主デッラ・スカラ家の大軍旗だった。

パドヴァ軍の部隊が背後に現れ、軍旗も奪われたとあってヴェローナ軍の士気は崩壊しました。パドヴァ軍は前進し、ヴェローナ軍騎兵は逃亡するか降伏するしかありませんでした。さらにパドヴァ軍は後方に控えていたヴェローナ軍の歩兵部隊を攻撃します。装備が不十分な民兵歩兵はパドヴァ軍に一方的に虐殺され、やがて降伏しました。

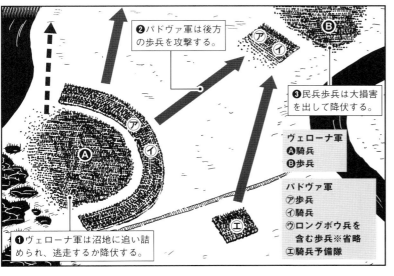

第4章　中世の戦術

スイスの戦術

　ハプスブルク家との独立戦争や、傭兵としてのスイス兵の活躍はヨーロッパにおける彼らの武名を大いに高めました。鉄の規律と高い戦闘意欲を誇るスイス歩兵の戦術は、やがてヨーロッパの陸上戦術に大きな影響を与えます。その戦術は、独立戦争当初に森林邦が駆使した戦術に、都市邦の市民兵の戦術が加わることで完成されていきました。

ハルバード

　スイス人歩兵が騎士の軍隊に大勝し、一躍戦史に躍り出たのが1315年のモルガルテンの戦いです。この戦闘でスイス軍はハプスブルク軍が狭い峠道を通っているところを障害物で足止めし、高所からの投石とハルバードの攻撃で騎士たちを殺戮しました。これは起伏の多い山岳部でこそ可能な戦術であり、まさに森林邦の軍隊ならではの戦い方と言えます。

パイク

　森林邦の軍隊がハルバードを主力武器とする一方、都市邦の軍隊は長槍(パイク)を活用した戦術を編み出しました。パイクは元をたどると騎士が持つ馬上槍(ランス)であり、騎士が下馬した際にランスをそのまま槍として使ったことが始まりです。都市邦では元々騎士層が軍の中核であり（P.42参照）、スイスにおけるパイク使用の起源は彼らにあると考えられます。密集して槍を構え、

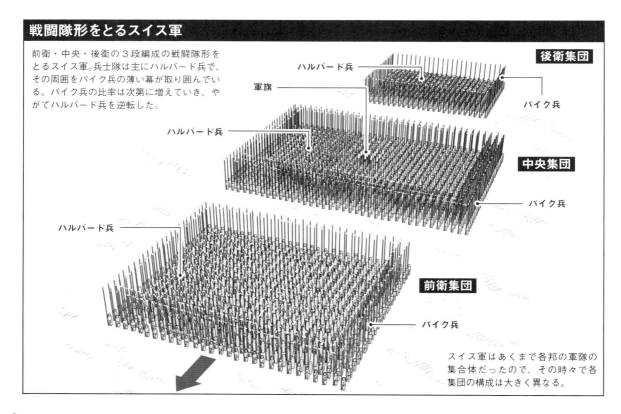

戦闘隊形をとるスイス軍

前衛・中央・後衛の3段編成の戦闘隊形をとるスイス軍。兵士隊は主にハルバード兵で、その周囲をパイク兵の薄い幕が取り囲んでいる。パイク兵の比率は次第に増えていき、やがてハルバード兵を逆転した。

スイス軍はあくまで各邦の軍隊の集合体だったので、その時々で各集団の構成は大きく異なる。

ラウペンの戦い
ベルン（勝）VSフリブール（敗）
1339年6月21日

　モルガルテンの戦いの後、都市邦のベルンが森林諸邦の同盟に加わります。それに不満を持つフリブールとブルゴーニュの同盟軍がベルンを攻撃し、ベルンおよび森林邦軍と、フリブールとその同盟のブルゴーニュ諸侯軍がラウペン（ベルン、フリブール間）でぶつかることとなります。

　この戦いでは都市邦独自のパイク戦術を駆使するベルン軍が圧倒的な強さを見せ、のちのスイス軍の戦術に大きな影響を与えます。

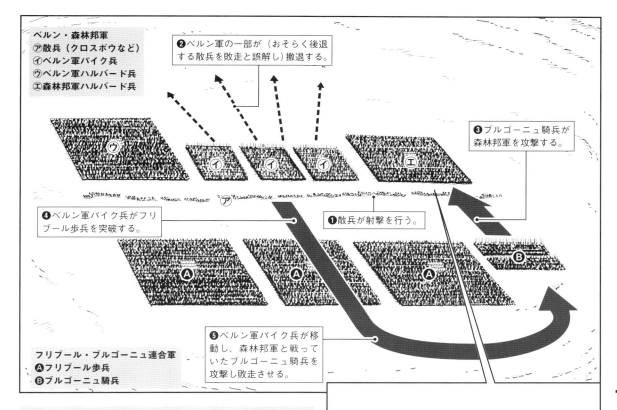

ハルバードはパイクやランスに比べるとリーチが短く、このため森林邦軍はブルゴーニュ騎兵に苦戦することになった。

　ベルン・森林邦軍は、中央にパイク兵を、両翼にハルバード兵を配置しました。対するフリブール・ブルゴーニュ軍は歩兵を中心にしつつ右翼に重装備の騎兵を置く布陣でした。森林邦のハルバード兵が騎兵に苦戦する一方、中央のパイク兵がフリブールの歩兵を突破し、ベルン・森林邦軍に勝利をもたらします。

　騎兵の攻撃から身を守る戦術は中世でもしばしば行われました。スイス軍の特徴は、密集隊形を組んだまま前進して、積極的に攻撃に出ることにあります。これらは各共同体を中心にした部隊編制がもたらす高い団結力、そしてスイス人が伝統的に培った旺盛な戦闘意欲があってこそ可能な戦術でした。

ハルバードからパイクへ

　ラウペンの戦い（1339年）でパイク兵の強

さが証明された後も、スイス森林邦はなかなかパイクの導入に踏み切れませんでした。というのも盟約者団はハプスブルグ家からの独立を目指す一方、各邦の利害の不一致から内部対立を抱えていたからです。ハプスブルク家と戦ったゼンパハの戦い（1386年）、やミラノ軍と戦ったアルベドの戦い（1422年）で、スイスのハルバード兵はランスやパイクなどリーチの長い武器を持つ敵兵に劣勢を強いられました。特にアルベドでの苦戦ぶりは凄まじく、敗北まであと一歩のところまで追い込まれたほどです。最終的に増援部隊の到着が間に合い、戦いはスイスの勝利に終わりますが、パイクを前にしたハルバードの脆弱性はいよいよ明らかでした。これを機にスイス軍は全邦で本格的にパイクを導入します。1442年のチューリヒの記録ではハルバードとその他の斧系武器が全体の57.7%に対しパイクは23%でしたが、1500年頃には半数以上の兵士がパイクで武装するようになりました。

基本戦術

　中世の伝統に従い、スイス軍は戦場で3つの「戦闘部隊」に分かれました。各バトルは兵士が方形に並んだ隊形で、それぞれ「前衛集団」、「中央集団」、「後衛集団」と呼ばれます。スイ

ス軍の各集団は兵士が密集した四角形の隊形、すなわち方陣であり、パイク兵がハルバード兵を取り囲むように配置されました。ハルバード兵は時に方陣から飛び出して敵に切り込みをかけることもありました。中央集団は3つの内最大の部隊で、中心部には邦や各共同体の旗が置かれました。これら3つの戦闘部隊は、戦場では前から順に縦に並んで戦うのが基本でした。戦闘が始まると前衛集団がまず前進して敵を攻撃し、中央集団がその後方の右か左の位置について第2波の攻撃を行います。さらに後衛集団が予備隊として後ろにつき、状況を見極めつつ攻撃に出るか、不測の事態に備えました。後衛集団の武装はハルバードやパイクの他に、状況によっては多数のクロスボウやハンドゴンを含んでいたようです。スイス軍は事前に各部隊長が会議で作戦を協議し、戦闘では各々の隊長が自主性を発揮して戦いました。一人の指揮官が全軍を一手に指揮する、といった戦い方はほとんど行われなかったようです。

散兵

　長いパイクを構えた密集隊形は一見無敵にさえ思えます。しかし実のところこうした密集隊形は弓やクロスボウなどの投射兵器に弱いという欠点を抱えています。フォルカークの戦い（P.107参照）の例を見ればわかる通り、相手が大量の投射武器を射ってきた場合、密集隊形は格好の標的になってしまうのです。しかしスイス軍はその点を理解しており、部隊の実に10〜25%がクロスボウで武装していました。彼らはパイク、ハルバードの部隊に先行して前進し、敵の投射兵器部隊を排除して、味方の方陣を守りました。また大砲や初期の銃であるハンドゴンが普及してくるとスイス軍はそれらを積極的に取り入れ、クロスボウと共に活用しました。

散兵

クロスボウやハンドゴンを持つ兵士が方陣に先行して進む。

ムルテンの戦い

スイス（勝）vsブルゴーニュ（敗）
1476年6月22日

　ムルテンの戦いはブルゴーニュ戦争の一環として起こり、ムルテン（スイス西部）の街を包囲したブルゴーニュ軍とスイスの救援軍との間で行われました。

　この戦いではブルゴーニュ軍は陣地を構築し、スイス軍を待ち構えます。しかし予想していた日にスイス軍が現れず、陣地が手薄になった時に敵が到着するという事態になってしまいます。その時のブルゴーニュ軍はわずか3,000人強、一方のスイス軍は25,000人もいました。

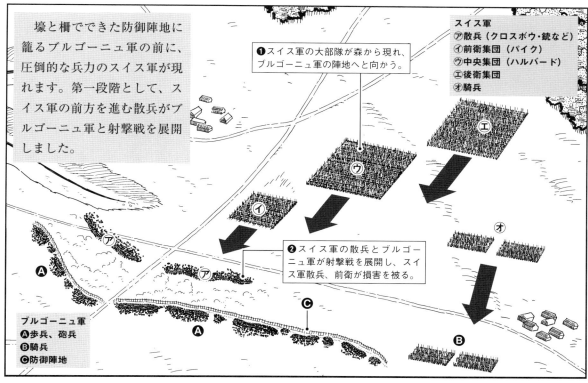

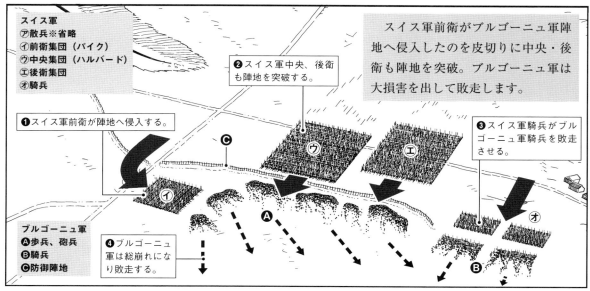

ランツクネヒトの戦術

　ランツクネヒトはスイス傭兵を模倣して結成された部隊であり、戦術面でも強い影響を受けていました。一方ランツクネヒトは火薬兵器の採用に非常に熱心で、スイス流の密集方陣にアルケブス（火縄銃の一種）と大砲を組み合わせます。やがて彼らの戦術は、近世ヨーロッパ歩兵戦術の源流となるのです。

基本戦術

　ランツクネヒトはスイスパイク兵を模倣した部隊であり、当然白兵戦用の主力武器として長いパイクとハルバードを採用しました。また「両手剣」（ツヴァイハンデル）と呼ばれる非常に長い剣や、「カッツバルゲル」という対照的に短い剣など独自の剣を好んで使っていたのも特徴的です。

　スイス傭兵隊を模倣したと言ってもスイス人の熱烈な攻撃精神まで真似ることはできず、どちらかと言えばランツクネヒトは防御的に戦うことを好みました。またスイス兵と戦う際はスイス兵の突撃の勢いを削ぐため、なるべく起伏のある地形で戦うように心がけました。

　その一方でランツクネヒトはアルケブスや大砲を積極的に採用しました。このランツクネヒトの火力重視の姿勢は、後にスイス兵をヨーロッパ最強の座から引き摺り下ろすことになります。

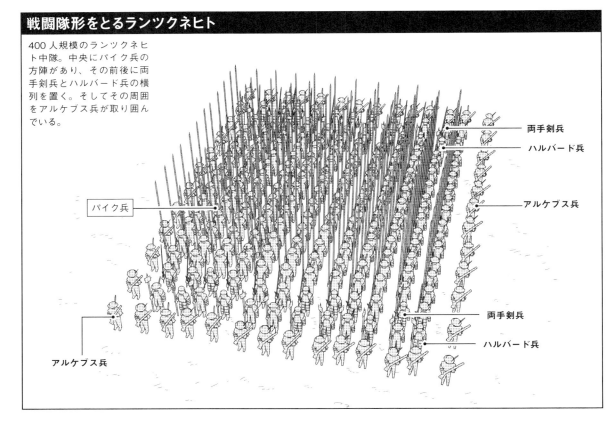

戦闘隊形をとるランツクネヒト

400人規模のランツクネヒト中隊。中央にパイク兵の方陣があり、その前後に両手剣兵とハルバード兵の横列を置く。そしてその周囲をアルケブス兵が取り囲んでいる。

パイクの隙間に避難

敵が距離を詰めてくると、銃兵はパイクの隙間に避難する。

戦闘隊形

　ランツクネヒトがとった戦闘時の隊形は、基本的にスイス兵を真似たパイクとハルバードの密集方陣でした。柄の長いパイクとハルバードを持った兵士たちが集まり、四角形の隊形を形作るのです。ランツクネヒトはこれにアルケブスを組み合わせ、方陣の周囲を取り囲むようにアルケブス兵を配置しました。アルケブスの重要度は時代と共に上がっていき、16世紀半ば（もはや中世ではなく近世ですが）には、方陣の四隅に独立したアルケブス兵の小部隊が置かれるようになります。このアルケブス兵は、前進しては射撃し、後退して装填を繰り返すよう訓練されていました。

　敵が接近してきた場合、アルケブス兵はパイク兵の隙間に退避して身を守ることができました。このパイク兵の方陣を銃兵で取り囲む方法はスペインの歩兵隊（P.138）に影響を与え、近世の歩兵戦術の原型を形作ります。

　大砲はなるべく広い範囲を射撃できるように、方陣の正面に沿って並べられました。

決死隊

　ランツクネヒトは防御的に戦うことを好みましたが、もちろん場合によっては攻撃に出ることもありました。そしてランツクネヒトが攻撃に出る時、彼らはしばしば「失われた部隊」（フェアロルネ・ハウフェ）と呼ばれる小部隊を結成しました。この部隊は志願兵、くじ引きで選ばれた不運な者、または軍記違反者の囚人たちで構成されたいわば「決死隊」です。

　彼らはパイクや両手剣で武装し、本隊に先立って敵の部隊に接近します。そして敵の槍衾（やりぶすま）の間に割って入っていき、剣で相手のパイクの柄を切断するのです。こうして彼らが作った敵のパイクの隙間に後続の本隊が突入しました。

　この対スイスパイク兵戦術はかなり有効だったようで、ランツクネヒトと共にイタリア戦争を戦ったスペイン人傭兵隊も似た戦術を使いました。スペインのパイク隊形には後方に剣と盾で武装した剣兵がおり、味方のパイク兵が敵のパイク兵を足止めした隙をついて前進し、パイクの下に潜り込んで柄を切断するのです。

「決死隊」

決死隊はまさしく決死の覚悟でパイクの隙間に入り込み、敵のパイクの柄を切断する。

パヴィアの戦い

神聖ローマ帝国（勝）VSフランス（敗）
1525年2月24日

　パヴィアの戦いは中世というより近世初頭に起こりましたが、スイス兵とランツクネヒトが激突した戦いとしてここで紹介します。この戦いはイタリア戦争の一環として起こり、帝国が守るパヴィアの街を攻め落とそうとするフランス軍と、街の救援に来た帝国軍との間で行われました。神聖ローマ帝国の兵力は騎兵1,500人、歩兵23,000人（＋パヴィア守備隊）、国王フランソワ1世率いるフランス軍は騎兵1,300人に歩兵18,500人ほどです。少々変わったことに、パヴィアの戦いは街に隣接して広がる城壁内の公園が主戦場でした。公園に陣取るフランス軍に対し、帝国軍は壁を越え中に突入し、奇襲を仕掛けたのです。

　フランス軍は帝国軍が籠るパヴィアの街を取り囲んで布陣し、フランス王フランソワ1世は公園内部にいました。一方の帝国軍は街の東側に布陣して陣地を築きます。しかし陣地にいる部隊はいわば囮であり、主力は夜のうちに北に周り、城壁を破って公園内に突入、パヴィアを救援し可能ならフランソワ1世を捕らえる計画を立てました。

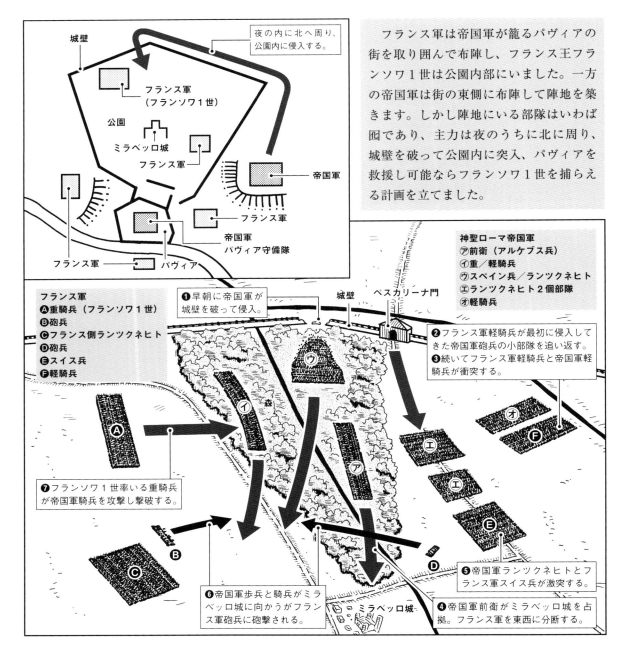

公園の北側から突入してきた帝国軍によってフランス軍は東西に分断されてしまいます。東側では帝国のランツクネヒトがフランス軍のスイス兵部隊と戦い、壮絶なパイクの押し合いが発生します。しかしスイス兵はビコッカの戦い（1522年）で多くの精鋭を失っており、数の面での劣勢もあって敗北しました。

パヴィアの戦いではランツクネヒトとスイス兵による「パイクの押し合い」が発生し、恐ろしい激戦となった。

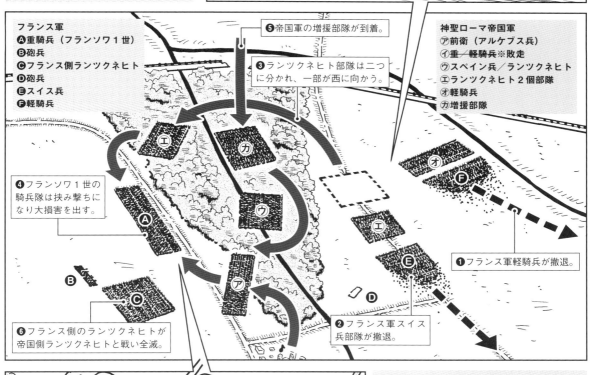

フランス軍
Ⓐ重騎兵（フランソワ1世）
Ⓑ砲兵
Ⓒフランス側ランツクネヒト
Ⓓ砲兵
Ⓔスイス兵
Ⓕ軽騎兵

❺帝国軍の増援部隊が到着。
❸ランツクネヒト部隊は二つに分かれ、一部が西に向かう。

神聖ローマ帝国軍
㋐前衛（アルケブス兵）
㋑重／軽騎兵※敗走
㋒スペイン兵／ランツクネヒト
㋓ランツクネヒト2個部隊
㋔軽騎兵
㋕増援部隊

❹フランソワ1世の騎兵隊は挟み撃ちになり大損害を出す。

❶フランス軍軽騎兵が撤退。
❷フランス軍スイス兵部隊が撤退。
❻フランス側のランツクネヒトが帝国側ランツクネヒトと戦い全滅。

フランス自慢の重騎兵は地面のぬかるみにはまり込み、動けなくなったところを歩兵に取り囲まれ、1人ずつ殺害された。

西側でもフランス軍は劣勢でした。フランソワ1世の重騎兵隊は帝国軍騎兵を破りますが、やがて歩兵に取り囲まれ、大損害を出します。フランス側についていたランツクネヒト（黒連隊）も帝国軍ランツクネヒトに敗れ、フランス軍は各所で敗北しました。フランソワ1世は捕虜となり、戦いは神聖ローマ帝国の勝利に終わりました。

第4章　中世の戦術

フス派の戦術

　フス戦争（1419〜1436年）を戦ったフス派の軍隊は、ヨーロッパで初めて大量の銃と大砲を効果的に使った軍隊でした。フス派の指導者ヤン・ジシュカ（1374〜1424年）はフス派キリスト教の信仰に燃えるチェコの農民と、火器、そして荷馬車を組み合わせた戦術を考案し、神聖ローマ帝国の対フス派十字軍を次々と破ったのです。

車陣戦術

　ジシュカが用いた革新的戦術が「車陣戦術（ヴァーゲンブルグ）」です。これは荷馬車を円形または方形に並べて、即席の要塞を作るという戦術でした。昔から荷馬車を防壁がわりに使うという戦術は存在しましたが、フス派軍の戦術はこれを軍の基本戦術として積極的に採用したことに大きな特徴があります。

　車陣戦術がジシュカの独創だったのか、ロシアやリトアニアで使われていた似たような戦術を模倣したのかはよくわかりません。車陣戦術の初実戦は1419年のネクメルの戦いで、この時はわずか7台の荷馬車で要塞を作って王党派を破りました。ひょっとするとこのネクメルでは圧倒的な敵軍を前にやむなく荷馬車要塞を使ったに過ぎず、それが意外にうまくいったのでその後大々的に採用したのかもしれません。車陣戦術は次第に拡大され、時に数百台もの荷馬車が用いられることになります。

　車陣戦術に使われた荷馬車はただの荷馬車ではなく、戦闘用に改造されていました。荷馬車の片側には木製の追加装甲板があり、内側からクロスボウやハンドゴンを射つための銃眼が開けられていました。要塞を組む際、荷馬車は他の荷馬車と鉤爪付きの鎖で繋がれ、敵兵が潜り込まないように車体の下も板で塞がれています。

荷馬車要塞
荷馬車／歩兵／予備騎兵隊／パヴィース盾

荷馬車の隙間にはパヴィース盾が置かれ、要所には大砲が配置されました。

要塞や荷馬車自体の中、盾に守られた荷馬車の隙間には歩兵と貴族層からなる騎兵が立て籠り、敵の攻撃を待ち構えます。いざ戦闘が始まると敵にクロスボウと火器の射撃を浴びせ、さらに接近してきた敵兵にはハルバードやフレイルの兵士が対処します。そして頃合いを見て荷馬車の一部を開けて内側の部隊が反撃に出るのです。

またフス派の軍隊は荷馬車の隊列を組んで敵地に侵入し、地方で略奪行為をするなどして敵を戦闘に誘い出しました。

神聖ローマ帝国側もやられてばかりではなく、偽装退却で敵を要塞から誘い出す、荷馬車に集中砲火を加えて破壊するといった戦術で対抗しました。最終的にフス派は内部抗争の結果衰退し、車陣戦術自体も軽量で機動性のある大砲が普及すると時代遅れになっていきました。後述のオスマン帝国では、大砲の射程外から荷馬車要塞を包囲し、相手が要塞から出て来るのを待ち構えるという対策を編み出しています。

車陣戦術のその後

車陣戦術はボヘミアだけでなく、ポーランドやハンガリーでも使われ、ヨーロッパの外へと広がっていきました。また同様の戦術は、中東、オスマン帝国、インドでも用いられました。おそらくオスマン帝国はハンガリーとの戦いの中で車陣戦術の有効性を学び、やがて自軍に採り入れたのでしょう。後にオスマン帝国はチャルディラーンの戦い（1514年）で車陣戦術を用い、サファヴィー朝ペルシアを打ち破ります。また敗れたサファヴィー朝もこの戦いを機に車陣を採用するようになりました。

一方で西ヨーロッパでは車陣戦術はあまり流行しませんでした。おそらく西ヨーロッパは東ヨーロッパのような大量の荷馬車が移動できる平原が少なかったことや、俊敏な騎馬民族からの脅威が少なかったことが原因でしょう。むしろ西ヨーロッパでは、騎兵に対抗するために長槍（パイク）を使う戦術が発展することになります。

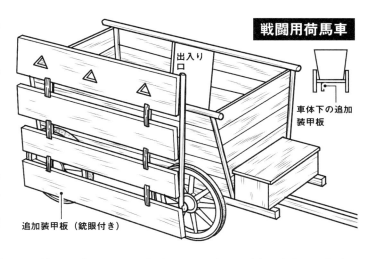

戦闘用荷馬車

出入り口

車体下の追加装甲板

追加装甲板（銃眼付き）

戦闘の経過

❶ 荷馬車要塞を組み、敵の攻撃を待ち受ける。

❷ 敵が攻撃してくると、荷馬車で敵を防ぎつつ、火器やクロスボウの射撃で敵を損耗させる。

❸ 敵の攻撃が限界を迎えたタイミングで要塞の一部を開き、予備騎兵隊を中心に反撃する。

ブルゴーニュ軍の戦術

ブルゴーニュ軍の戦術について、具体的にわかることはあまり多くはありません。しかしいくつかの戦いの資料を比較すると、彼らが駆使した戦術の輪郭が浮かんできます。

ブルゴーニュ軍の陣形

野戦において、ブルゴーニュ軍は自慢の砲兵隊を部隊の前面に並べました。その背後には前衛部隊の主力として弓兵とパイク兵が並び、その両脇を騎兵隊が固めます。騎兵隊の背後には、やや小規模の騎兵予備隊が置かれました。これが前衛部隊で、この部隊の後ろにもう一つ別の後衛部隊が置かれました。この後衛部隊も前衛と似ていて、中央部に弓兵やハンドゴンといった投射兵器を持つ兵士が並び、両側に騎兵隊とその予備隊が陣取りました。動員した軍の規模がもっと小さい場合、後衛はずっと小規模の騎兵隊であることもあったようです。

戦闘時は、まず最前列に砲兵隊を並べて猛烈な射撃を行いました。これで敵を混乱させ、前衛部隊の弓兵が前進し、彼らの支援の下にパイク兵と両翼の騎兵隊が前進するのです。

実情

ブルゴーニュ軍は「組織」の面では確かに先進的でしたが、決して無敵の軍隊ではありませんでした。それどころか、シャルル突進公率いるブルゴーニュ軍はブルゴーニュ戦争（1474～1477年）において連戦連敗の有様だったのです。ブルゴーニュ軍にはスイス兵に対抗できる士気と規律のある歩兵がおらず、幾度となくスイス兵に敗れました。グランソン（1476年）、ムルテン（1476年）、ナンシー（1477年）で大敗し、最終的に公の死と公国の滅亡を招くのです。

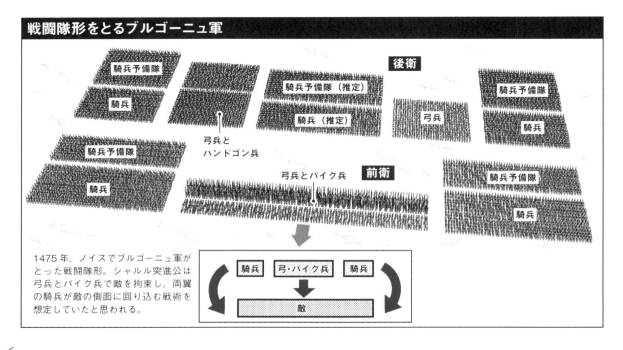

1475年、ノイスでブルゴーニュ軍がとった戦闘隊形。シャルル突進公は弓兵とパイク兵で敵を拘束し、両翼の騎兵が敵の側面に回り込む戦術を想定していたと思われる。

ナンシーの戦い

ロレーヌ（勝）VSブルゴーニュ（敗）
1477年1月5日

　ナンシーの戦いはブルゴーニュ戦争の過程において、ブルゴーニュ公シャルルとロレーヌ公ルネ2世が激突した戦いです。この戦いはルネ2世がブルゴーニュ側の都市だったナンシー（現在のフランス北部）を攻め落とし、ブルゴーニュ軍が救援軍を派遣したことで発生しました。シャルル率いるブルゴーニュ軍は総勢12,000人、一方のルネ2世はスイス傭兵を中心とした約20,000人の軍勢を率いており、数の上では圧倒的にロレーヌ側が有利でした。

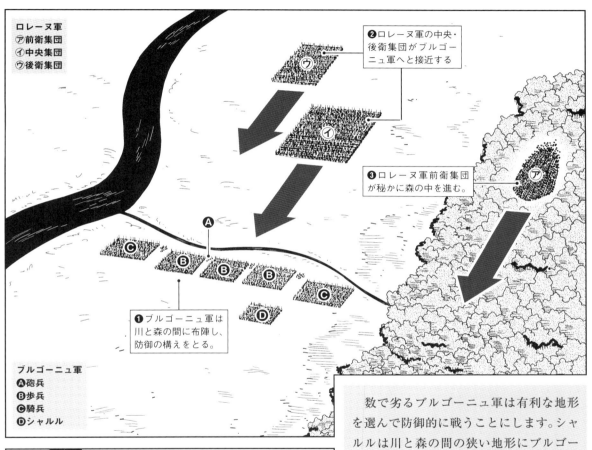

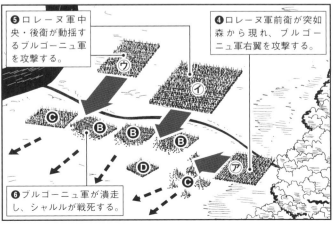

　数で劣るブルゴーニュ軍は有利な地形を選んで防御的に戦うことにします。シャルルは川と森の間の狭い地形にブルゴーニュ軍を展開させ、歩兵と砲兵を中央に、両翼に騎兵を置きました。

　しかしロレーヌ軍は方陣を組んでブルゴーニュ軍の正面から接近する一方、一部の部隊を秘かに森の中を進ませます。その結果ブルゴーニュ軍は正面と予期していなかった右側面の二方向から攻められて潰走しました。シャルルは戦死し、この敗北はブルゴーニュ公国の滅亡に繋がります。

近世の戦術

本書は中世の戦術の変遷を追ってきましたが、最終章ではエピローグとして近世の戦術を解説します。

スイスが考案しドイツのランツクネヒトが発展させたパイク戦術は、その後ヨーロッパ各国に広がっていきました。近世初頭にはこのパイクの方陣と銃の組み合わせが歩兵戦術の基礎となり、各国でパイクと銃の最適な比率、隊形が模索されました。

スペインの歩兵隊

1509～1513年、スペインは「テルシオ」という新編制の部隊を設立します。テルシオはパイク兵、アルケブス兵、アルケブスより大口径の「マスケット」銃を装備した銃兵からなる3,000人（実際には1,500人程度が一般的だったようです）の部隊でした。この歩兵隊は、方形に並んだパイク兵を中心にし、その両側面に銃兵の縦隊を、さらに四隅に小規模な銃兵隊を置いていました。スペインはそれまで歩兵隊で大きな比率を占めていた剣盾兵を削減し、代わって銃兵を拡大します。またスイスやランツクネヒトが採用していたような分厚い隊形から、火力を発揮しやすい横長の隊形への転換が図られました。

オランダの改革

スペインからの独立を目指すオランダでは、強大で練度の高いスペイン式歩兵に対抗するための改革が図られました。

まず、それまでの大規模な戦術単位を、より小規模な「大隊」に置き換え、複数の大隊が相互に支援できるようにします。そうして一つの大隊が打ち負かされても、それが他の部隊に波及して軍全体が敗走しないようにしたのです。また歩兵火力を増大させ、スペイン軍の突進し

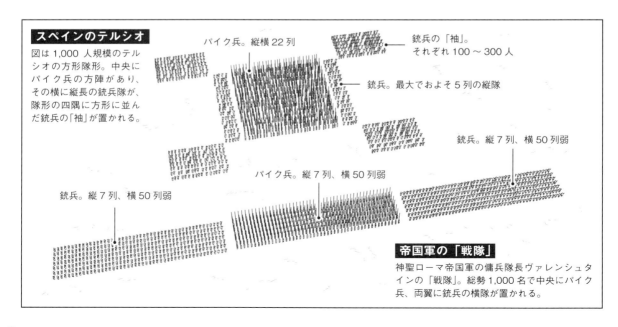

スペインのテルシオ
図は1,000人規模のテルシオの方形隊形。中央にパイク兵の方陣があり、その横に縦長の銃兵隊が、隊形の四隅に方形に並んだ銃兵の「袖」が置かれる。

パイク兵。縦横22列

銃兵の「袖」。それぞれ100～300人

銃兵。最大でおよそ5列の縦隊

銃兵。縦7列、横50列弱

パイク兵。縦7列、横50列弱

銃兵。縦7列、横50列弱

帝国軍の「戦隊」
神聖ローマ帝国軍の傭兵隊長ヴァレンシュタインの「戦隊」。総勢1,000名で中央にパイク兵、両翼に銃兵の横隊が置かれる。

てくる敵軍の勢いを削ぐことも試みられます。オランダ軍は隊形をより横長にし、部隊正面に並ぶ銃兵の比率を増やしたのです。さらに火力を高めるため、「反転行進射撃」と呼ばれる射撃方法が採用されます。これはまず横1列目の銃兵が射撃したあと、銃兵隊の最後尾まで後退して銃に装填します。2列目も射撃したあと同じように後退、さらに3列目も射撃して後退…と銃兵隊全体が同様の動作を繰り返すのです。そして1列目が再び最前列にきた時には装填が終わっているので、銃兵隊が絶え間なく射撃できるというわけです。

またオランダ軍は民兵を拡充し、彼らに素早く武器の操作を習得させるため、いち早く武器の教練書を採用したことでも知られています。

実のところ、こうしたオランダ軍の改革は立ちどころに効果を発揮したわけではなく、三十年戦争（1618～1648年）序盤にオランダ式の軍隊は幾度もスペイン式の軍隊に敗北しました。しかしそれでもなおオランダの改革はヨーロッパ諸国に波及していき、スペイン式に変わる新しい陸軍の模範となったのです。

スウェーデン式

ドイツを舞台にして新教徒勢力とカトリック勢力がぶつかった三十年戦争では、スウェーデンのグスタフ・アドルフ（在位1611～1632年）がオランダ式を発展させた隊形を考案します。

彼はオランダ式に足りなかったのは歩兵の攻撃力だと考え、銃兵とパイク兵を組み合わせてより攻撃的に戦うようにしました。まず銃兵の隊形をより薄く横長にし、火力を発揮しやすくします。そしてオランダ式のように横1列ごとに射撃するのではなく、複数の横列に一斉に射撃させたのです。この射撃方法は瞬間的な火力が増える一方、次の射撃まで時間が空いてしまいます。そこでスウェーデン軍ではその隙にパイク兵が突撃して一挙に敵を制圧することを目指しました。この戦術を実現するため、スウェーデン軍は「スウェーデン式旅団」と呼ばれる隊形を採用します。

グスタフ・アドルフはこのスウェーデン式旅団に、軽量で機動力のある大砲、火力で支援を受けた刀剣騎兵を組み合わせました。こうしたスウェーデン陸軍は三十年戦争で傑出した強さを誇りますが、彼がリュッツェンの戦い（1632年）で戦死するとスウェーデン式旅団は姿を消してしまいます。

甲冑の衰退

より威力の高い鉄砲が普及していく反面、甲冑は難しい立場に立たされます。板金を分厚くすれば銃弾の威力には対抗できましたが、そうすると重量が増し、機動力が損なわれてしまうのです。その結果騎兵の甲冑は人体の重要な部分だけを覆い、その他の部分は省略されるようになります。まず膝下の防具を廃止した「七分甲冑（4分の3甲冑）」が登場し16世紀後半～17世紀前半に騎兵に好まれます。やがて甲冑は上半身だけを守る「半甲冑」となり、さらに時代が進むと胸甲（胴体を守る防具）と兜だけにまで縮小しました。すでにグスタフ・アドルフの治世において、甲冑を全廃した騎兵が現れており、その後多くの騎兵が甲冑を身に付けることなく戦うようになりました。しかし胸甲を身に付け、重量級の馬に乗った胸甲騎兵は長く生き残り、フリードリヒ大王（プロイセン、在位1740～1786年）やナポレオン（フランス、在位1804～1814、1815年）の軍において活躍しました。驚いたことにフランスは第一次世界大戦（1914～1918年）の初期まで胸甲騎兵を運用し、今なお一部の国で胸甲と兜は儀礼的な軍服として生き残っています。

歩兵の場合、彼らは中世においてさえ重厚な甲冑は身に付けていませんでしたが、近世に入るとその傾向はますます進むこととなります。

第4章　中世の戦術

139

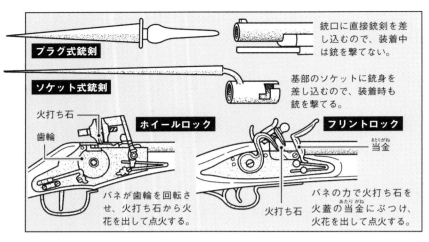

近世における歩兵用の甲冑は、大抵は半甲冑か、胸甲と兜だけでした。それもパイク兵などの一部の兵に限られ、時に方陣の前方に立つ兵士だけが身に付けた場合もありました。そして17世紀後半になると、歩兵用の甲冑はほとんど戦場から姿を消すことになります。

騎兵の変化―ランスから銃へ

16世紀になると、ある新式の銃が騎兵に大きな変化をもたらしました。それが歯輪式銃（ホイールロック）です。この銃は「ゼンマイじかけのライター」のような点火装置を備え、火縄を持つ必要がないので、馬の上でも容易に扱えました。この銃で武装すればランスやパイクの間合いの外から相手を攻撃でき、多くの騎兵がランスから歯輪式銃へと武器を持ち替えます。こうして騎兵はそれまで天敵ともいえたパイク兵に対抗する手段を得たのです。

一方騎兵がこうした銃で武装することにはデメリットもありました。銃を持っているが故に遠くから敵を撃つだけで、積極的に敵部隊へ切り込むことが少なくなったのです。

騎兵の変化―銃から剣へ

こうした騎兵の問題に改良を試みたのがフランス王アンリ4世（在位1589～1610年）でした。彼は、騎兵は密集して剣を手に突撃するように改め、さらに歩兵の銃兵に射撃によって騎兵を援護させました。スウェーデン王グスタフ・アドルフもこれに倣い、歩兵の援護を受け、剣で敵へ切り込む騎兵を自軍に取り入れます。スウェーデン式旅団の廃止後、歩兵が非常に横長の隊形を組むようになると、この種の騎兵が戦場で勝敗を決する攻撃の要になるのです。

砲兵の改革

近世に入ると、大砲の設計はより洗練されていきます。そして次第に大砲には、大型で城や城塞を攻撃するのに使う「攻城砲」と、軽量で取り回しの良い「野戦砲」の区別が発生します。そうした中で、より軽量で歩兵と共に行動できる軽砲が生まれました。

砲兵を効果的に活用して多くの勝利を収めたグスタフ・アドルフ王は、砲をより軽量にするため、砲身の大部分が革でできた革砲（レザー・カノン）を作らせます。この革砲は非実用的な失敗作でしたが、代わって彼は耐久性を犠牲にして軽量化した青銅製の大砲を導入し、戦場で活用しました。

燧石式銃（フリントロック）と銃剣

歯輪式銃は高価過ぎたため歩兵には普及しませんでしたが、17世紀の後半になるともっと安価な燧石式銃（フリントロック）が登場します。これはバネの力で火打石を当金（あたりがね）にぶつけて火花を出し、それを火薬に着火させる仕組みの銃で、これが歩兵の火力を大きく向上させました。火薬のそばで燃える火縄を持つ必要がないため安全性が高まり、銃兵がより密集して並べるようになったためです。また装填作業も単純化されて素早く装填できるようになり、歩兵の火力はさらに上が

りました。

　また同じ時期にソケット式銃剣が登場します。もともと銃に剣を取り付けて銃を「槍化」させる発想は16世紀にはありましたが、当時の銃剣はプラグ式という銃口に直接差し込む形式で、射撃の度に取り外す必要がありました。しかし燧石式銃の登場と同時期に、銃口を塞がないソケット式銃剣が登場します。1700年頃にはこの二つはヨーロッパ各国の軍隊で標準化されます。燧石式銃を持つ銃兵が火縄銃装備の銃兵より密集できるため、銃剣装備の銃兵は濃密な「槍衾」を組めるようになりました。

　一方、当時パイクは攻撃武器としては衰退して数を減らし、銃兵を守るための武器になっていました。そして燧石式銃とソケット式銃剣の普及の結果、いよいよパイクは各国の軍隊で廃止されることとなったのです。

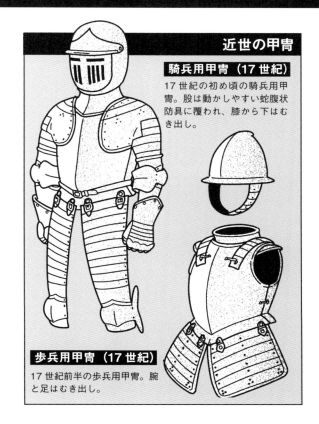

近世の甲冑

騎兵用甲冑（17世紀）
17世紀の初め頃の騎兵用甲冑。股は動かしやすい蛇腹状防具に覆われ、膝から下はむき出し。

歩兵用甲冑（17世紀）
17世紀前半の歩兵用甲冑。腕と足はむき出し。

戦列歩兵の成立

　パイク兵が数を減らし、歩兵が銃兵中心になっていくに従い、歩兵の隊形はさらに横長になっていきました。こうした火力発揮のために横長の隊形を組む歩兵は「戦列歩兵」と呼ばれます。18世紀には、歩兵隊は縦に3列の極めて横長の隊形を組むようになります。イギリス軍に至っては、ナポレオン戦争中に縦2列の薄さにまでなりました。

　一方こうしたあまりに横長の隊形は機動性が悪くなり、近代に向けて、この欠点を克服しようと陸上戦術は発展していくのです。

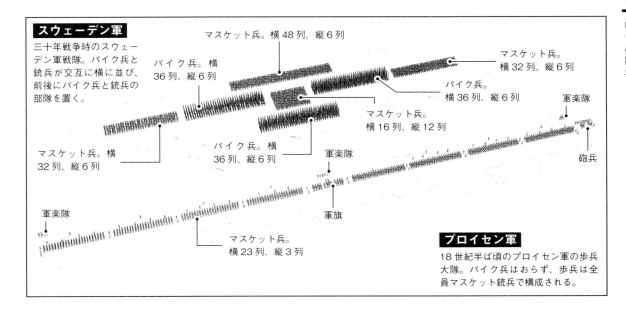

スウェーデン軍
三十年戦争時のスウェーデン軍戦隊。パイク兵と銃兵が交互に横に並び、前後にパイク兵と銃兵の部隊を置く。

マスケット兵。横48列、縦6列
パイク兵。横36列、縦6列
マスケット兵。横32列、縦6列
パイク兵。横36列、縦6列
マスケット兵。横16列、縦12列
マスケット兵。横32列、縦6列
パイク兵。横36列、縦6列
軍楽隊
軍楽隊
軍旗
マスケット兵。横23列、縦3列
砲兵

プロイセン軍
18世紀半ば頃のプロイセン軍の歩兵大隊。パイク兵はおらず、歩兵は全員マスケット銃兵で構成される。

第4章　中世の戦術

終わりに

　『中世ヨーロッパの軍隊と戦術』はいかがだったでしょうか？　本書はタイトル通り「中世ヨーロッパの軍隊と戦術」について、平易な日本語で読める通史を目指しました。ファンタジーものの源流となった中世ヨーロッパの戦争は、我が国において高い人気を持ちつつ、今ひとつ情報源に欠けていた分野だと思います。筆者自身、もっと間口の広い、それでいて濃密な入門書があったらいいのにと思ってきましたが、それが今回本書を制作した第1の動機でもあります。そして第2の動機は、私が突撃する騎兵横隊や、槍を突き出す歩兵の密集隊形、大量の煙を吹き出す黒色火薬兵器がたまらなく好きだからです。幼少期に数々のミリタリー本に触れてこの（因果な）分野から抜け出せなくなった私ですが、もしこの本がどこかの少年少女を同じ沼に引き込めたなら、著者としてこれ以上の幸せはありません。

　最後に、本書の制作にあたり大いにお世話になったご両名に御礼申し上げます。マール社の角倉様は『イラストでわかる日本の甲冑　古代から戦国・安土桃山までの鎧・兜・武器・馬具を徹底図解』以来2度目のタッグとなり、今回もこの酔狂な企画を実にすんなりと通して下さりました。

　また監修の旗代大田様には執筆にあたり、数々のご教授、資料の提供と大いなる助力をいただきました。執筆中に筆者が犯していた多くの誤解、勘違いが明らかとなり、赤面した次第です。無論、本書にもし間違いが含まれていた場合、全責任は筆者である私にあります。

渡辺信吾

監修：旗代大田（はたしろおおた）

軍事史ライター。学生の頃から軍事史に関心を持つ。現在は中近世ヨーロッパの軍事史に焦点をあわせて、同人誌『私家版　近世欧州軍事史備忘録』シリーズの発行や雑誌への寄稿、講演などの活動を行なっている。

監修者より

　ヨーロッパにおける中世はおよそ千年に及ぶ時代区分であり、その戦場はまったく発展のない一様なものではありませんでした。そして今では、騎士たちが無秩序かつ力任せに戦うかつてのイメージも、当時の側面の一つを大きく捉えすぎていたことが分かっています。本書を読むことで、時の流れと伴に発展し、変化に富む中世ヨーロッパの様々な戦場の様相をうかがい知ることができると考えています。

参考文献

【外国語文献】

The Armies of Crécy and Poitiers, Christopher Rothero (Osprey Publishing) 1981/*Armies of Medieval Burgundy 1364-1477*, Nicholas Michael (Osprey Publishing) 1983/*Italian Medieval Armies 1300-1500*, David Nicolle (Osprey Publishing)1983/*German Medieval Armies 1300-1500*, Christopher Gravett (Osprey Publishing) 1985/*The Normans*, David Nicolle (Osprey Publishing) 1987/*Agincourt 1415: Triumph against the odds*, Matthew Bennett (Osprey Publishing) 1991/*Arms & Armor of the Medieval Knight: An Illustrated History of Weaponry in the Middle Ages*, David Edge, John Miles Paddock (Crescent) 1993/*One Million Mercenaries*, John McCormack (Leo Cooper) 1993/*The Landsknechts*, Douglas Miller (Osprey Publishing) 1994/*Late Roman Infantryman AD 236-565*, Simon MacDowall (Osprey Publishing) 1994/*English Longbowman 1330-1515*, Clive Bartlett (Osprey Publishing) 1995/*Late Roman Cavalryman AD 236-565*, Simon MacDowall (Osprey Publishing) 1995/*The Medieval Soldier: 15th Century Campaign Life Recreated in Colour Photographs*, Gary Embleton, John Howe (Crowood Pr) 1995/*Germanic Warrior AD 236-568*, Simon MacDowall (Osprey Publishing) 1996/*Pavia 1525: The Climax of the Italian Wars*, Angus Konstam (Osprey Publishing) 1996/*A Knight and His Weapons*, Ewart Oakeshott (Dufour Editions) 1997/*A Knight and His Horse*, Ewart Oakeshott (Dufour Editions) 1998/*Italian Militiaman 1260-1392*, David Nicolle (Osprey Publishing) 1999/*Medieval Warfare: A History*, Maurice Keen (OUP Oxford) 1999/*Crécy 1346: Triumph of the longbow*, David Nicolle (Osprey Publishing) 2000/*Hastings 1066 : The Fall of Saxon England*, Christopher Gravett (Osprey Publishing) 2000/*English Medieval Knight 1400-1500*, Christopher Gravett (Osprey Publishing) 2001/*English Medieval Knight 1200-1300*, Christopher Gravett (Osprey Publishing) 2002/*English Medieval Knight 1300-1400*, Christopher Gravett (Osprey Publishing) 2002/*Landsknecht Soldier 1486-1560*, John Richards (Osprey Publishing) 2002/*Bannockburn 1314: Robert Bruce's great victory*, Peter Armstrong (Osprey Publishing) 2002/*Italian Medieval Armies 1000-1300*, David Nicolle (Osprey Publishing) 2002/*Stirling Bridge and Falkirk 1297-98: William Wallace's rebellion*, Peter Armstrong (Osprey Publishing) 2003/*Towton 1461: England's bloodiest battle*, Christopher Gravett (Osprey Publishing) 2003/*The First Crusade 1096-99: Conquest of the Holy Land*, David Nicolle (Osprey Publishing) 2003/*Knight Templar 1120-1312*, Helen Nicholson (Osprey Publishing) 2004/*The Hussite Wars 1419-36*, Stephen Turnbull (Osprey Publishing) 2004/*Poitiers 1356: The Capture Of A King*, David Nicolle (Osprey Publishing) 2004/*Carolingian Cavalryman AD 768-987*, David Nicolle (Osprey Publishing) 2005/ *The Third Crusade 1191: Richard the Lionheart, Saladin and the battle for Jerusalem*, David Nicolle (Osprey Publishing) 2005/*Warfare in the Medieval World*, Brian Todd Carey, Joshua B. Allfree, John Cairns (Pen & Sword Military) 2006/*The Second Crusade 1148: Disaster outside Damascus*, David Nicolle (Osprey Publishing) 2009/ *Medieval Handgonnes: The First Black Powder Infantry Weapons*, Sean McLachlan (Osprey Publishing) 2010/*European Medieval Tactics (1): The Fall and Rise of Cavalry 450-1260*, David Nicolle (Osprey Publishing) 2011/*The Fall of English France 1449-53*, David Nicolle (Osprey Publishing) 2012/*Medieval European Armies*, Terence Wise (Osprey Publishing) 2012/*European Medieval Tactics (2): New Infantry, New Weapons 1260-1500*, David Nicolle (Osprey Publishing) 2012/*The Longbow*, Mike Loades (Osprey Publishing) 2013/*Knight: The Medieval Warrior's (Unofficial) Manual*, Michael Prestwich (Thames and Hudson Ltd) 2013/*European Weapons and Warfare 1618 - 1648*, Edvard Wagner (Winged Hussar Publishing) 2014/*Medieval Mercenaries: The Business of War*, William Urban (Frontline Books) 2015/*The Medieval Longsword*, Neil Grant (Osprey Publishing) 2016/*The Advent of Early Modern Warfare: The History of the Transition from Medieval Military Tactics to the Age of Gunpowder*, Sean McLachlan (Charles River Editors) 2017/*The Crossbow*, Mike Loades (Osprey Publishing) 2018/*The Art of Renaissance Warfare: From The Fall of Constantinople to the Thirty Years War*, Stephen Turnbull (Frontline Books) 2018/*Armies of the Late Roman Empire AD 284 to 476: History, Organization and Equipment*, Gabriele Esposito (Pen & Sword Military) 2019/*Castagnaro 1387: Hawkwood's Great Victory*, Kelly Devries (Osprey Publishing) 2019/*History of War No.59*, Tom Garner (Future Publishing) 2019*Strasbourg AD 357: The victory that saved Gaul*, Raffaele D'Amato (Osprey Publishing) 2019/*The Medieval Cannon 1326–1494*, Jonathan Davies (Osprey Publishing) 2019/ *Renaissance Armies in Italy 1450-1550*, Gabriele Esposito (Osprey Publishing) 2020/*The Reisläufer: The History and Legacy of the Famous Swiss Mercenaries from the Middle Ages to the Modern Era*, Sean Mclachlan (Charles River Editors) 2020/*Condottiere 1300–1500: Infamous medieval mercenaries*, David Murphy (Osprey Publishing) 2021/*Late Roman Infantryman Versus Gothic Warrior: AD 376-82*, Murray Dahm (Osprey Publishing) 2021/*Bosworth 1485: The Downfall of Richard III*, Christopher Gravett (Osprey Publishing) 2021/*Armies of Plantagenet England, 1135-1337: The Scottish and Welsh Wars and Continental Campaigns*, Gabriele Esposito (Pen & Sword Military) 2022

【日本語文献】

『騎士と甲冑』三浦 権利（大陸書房）1975/『武器』ダイヤグラムグループ（マール社）1982/『十字軍騎士団』橋口 倫介（講談社）1994/『戦略戦術兵器事典 3（ヨーロッパ近代編）』（学研プラス）1995/『ルイ 14 世の軍隊：近世軍制への道』ルネ・シャルトラン（新紀元社）2000/『アーサーとアングロサクソン戦争』デヴィッド・ニコル（新紀元社）2000/『十字軍の軍隊』テレンス・ワイズ（新紀元社）2000/『図説 西洋甲冑武器事典』三浦 権利（柏書房）2000/『百年戦争のフランス軍：1337-1453』デヴィッド・ニコル（新紀元社）2000/『中世の紋章：名誉と威信の継承』テレンス・ワイズ（新紀元社）2001/『ばら戦争：装甲騎士の時代』テレンス・ワイズ（新紀元社）2001/『シャルルマーニュの時代：フランク王国の野望』デヴィッド・ニコル（新紀元社）2001/『中世フランスの軍隊：1000-1300 軍事大国の源流』デヴィッド・ニコル（新紀元社）2001/『中世ドイツの軍隊：1000-1300 神聖ローマ帝国の苦闘』クリストファ・グラヴェット（新紀元社）2002/『イングランドの中世騎士：白銀の装甲兵たち』クリストファー・グラヴェット（新紀元社）2002/『大砲の歴史』アルバート・マヌシー（ハイスン）2004/『中世ヨーロッパの城の生活』ジョゼフ・ギース、フランシス・ギース他（講談社）2005/『古代ローマ軍団大百科』エイドリアン・ゴールズワーシー（東洋書林）2005/『中世ヨーロッパの農村の生活』ジョゼフ・ギース、フランシス・ギース（講談社）2008/『戦闘技術の歴史 2 中世編』マシュー・ベネット、ジム・ブラッドベリー、ケリー・デヴリース、イアン・ディッキー、フィリス・G・ジェスティス（創元社）2009/『図説中世ヨーロッパ武器・防具・戦術百科』マーティン・J・ドアティ（原書房）2010/『戦闘技術の歴史 3 近世編』クリステル・ヨルゲンセン、マイケル・F・パヴコヴィック、ロブ・S・ライス、フレデリック・C・シュネイ、クリス・L・スコット（創元社）2010/『中世ヨーロッパの武術』長田 龍太（新紀元社）2012/『大聖堂・製鉄・水車ー中世ヨーロッパのテクノロジー』ジョゼフ・ギース、フランシス・ギース他（講談社）2012/『図説 騎士の世界』池上 俊一（河出書房新社）2012/『15 のテーマで学ぶ中世ヨーロッパ史』堀越 宏一、甚野 尚志（ミネルヴァ書房）2013/『詳説世界史 B 改訂版』木村 靖二、岸本 美緒、小松 久男（山川出版社）2017/『中世ヨーロッパの騎士』フランシス・ギース（講談社）2017/『西洋甲冑＆武具 作画資料』渡辺 信吾（玄光社）2017/『戦場の素顔ーアジャンクール、ワーテルロー、ソンム川の戦い』ジョン・キーガン（中央公論新社）2018/『図説 十字軍』櫻井 康人（河出書房新社）2019/『薔薇戦争 イングランド絶対王政を生んだ骨肉の内乱』陶山 昇平（イースト・プレス）2019/『【図説】紋章学事典』スティーヴン・スレイター（創元社）2019/『戦場の中世史ー中世ヨーロッパの戦争観』アルド・A・セッティア（八坂書房）2019/『百年戦争ー中世ヨーロッパ最後の戦い』佐藤 猛（中央公論新社）2020/『近世欧州軍事史備忘録 巻 3 Pike and Shot の時代：歩兵の基礎』旗代大田（旗代屋）2021/『新版 ヨーロッパの中世』神崎 忠昭（慶應義塾大学出版会）2022/『封建制の多面鏡：「封」と「家臣制」の結合』シュテフェン・パツォルト（刀水書房）2023

【論文】

The Evolution of Army Style in the Modern West, 800-2000, John A. Lynn/ イングランドにおける後期封建制度 ーリッチモンドシャーの場合ー、アンソニー・ポラード / Anthony POLLARD 教授の報告をめぐって、井内 太郎 / エドワード 1 世治世の封建軍ー 1298 年フォルカークの戦いよりー、木下 ちひろ / スイス都市邦の盟約者団における軍事・政治的影響：1339 年のラウペンの戦いにおける戦術的課題を手掛かりに、伊藤 敏

著者プロフィール

渡辺信吾（わたなべしんご）

1989 年生まれ。東京都在住。幼少期よりイラストレーションと軍事史に関心を持つ。美術大学で映像を学んだのち、イラストレーターとして勤務を開始する。得意分野は中世における西洋や日本の甲冑、戦術や第二次世界大戦時の軍用機など。主な著作に『イラストでわかる日本の甲冑 古代から戦国・安土桃山までの鎧・兜・武器・馬具を徹底図解』（2021 年／マール社）、『図解 武器と甲冑』（樋口隆晴と共著、2020 年／ワン・パブリッシング）、『西洋甲冑＆武具 作画資料』（2017 ／玄光社）、『軍用機大図鑑 第二次世界大戦編』（2021 年／ウエイド）。都内のデザイン会社、株式会社ウエイドに所属。

表紙デザイン

山岸全

校正協力

加藤宏美

中世ヨーロッパの軍隊と戦術

兵士の装備、陣形、主要会戦の経過をイラストで詳解

2024 年 10 月 20 日　第 1 刷発行

著　　　者　渡辺信吾（ウエイド）
監　修　者　旗代大田
発　行　者　田上妙子
印刷・製本　シナノ印刷株式会社
発　行　所　株式会社マール社
　　　　　　〒 113-0033
　　　　　　東京都文京区本郷 1-20-9
　　　　　　TEL　03-3812-5437
　　　　　　FAX　03-3814-8872
　　　　　　URL　https://www.maar.com/

ISBN978-4-8373-0922-2　　Printed in Japan
©WADE Co., Ltd., 2024

本書掲載の図版およびテキストの著作権は著者に帰属しますので、
権利の侵害とならないようご注意ください。
乱丁・落丁の場合はお取り替えいたします。